U0163054

知乎

发现更大的世界

When Machines Got a New Brain

机器新脑

我是如何学会停止担忧并爱上 AI 的

神们自己 —— 著

北京联合出版公司
Beijing United Publishing Co.,Ltd.

前言

每一个活着的人，身后都站着 30 个鬼。因为自有人类以来，死去的人恰好是在世的人的 30 倍。自从洪荒初开，已有 1000 多亿人出没在地球上。

1000 亿——这个数字之所以值得玩味，只是因为出于奇怪的巧合，在现代人的大脑里也恰好有着大约 1000 亿个神经元。也就是说，从最古老的猿人至今，每一个生存过的人，都对应着一个神经元的演化之旅。正是这 1000 亿人迈出的进化的脚步，为我们今天的智能和文明铺平了道路。

不久之前，人类已经揭开了大脑的奥秘，智能对于我们不再是未解之谜。至于怎样制造出拥有自我意识的超级人工智能，这样的机器又会怎样改变人类的命运，我们还无法臆测；正如 20 世纪 80 年代的人工智能学家杰克·施瓦茨所说，创造它们所需要的技术需要数百个诺贝尔奖作为垫脚石。但是，距离的屏障正在消失，总有一天，我们会同可以与人类相匹敌的、甚至可以主宰我们的某种智能机器相遇。

人类对于这种前景，一直迟迟未敢正视；到今天，还有一些人希望它永远不会实现。然而，越来越多的人问道：既然我们已经开启了人工智能时代，这种相遇为什么就不会发生呢？

对于这个十分合理的问题，这里提出了一些可能的答案。但是请务必记住：这**不是科幻**。本书中提到的所有科技，均非猜想、假设或理论，而是**已经**实现的技术；所涉及的产品、人物和历史事件，均真实存在，不做任何虚构。至于未来的可能性，那只不过是一个21世纪初的人类，基于目前的事实，用他那贫乏的想象力，做一点能力有限的探讨而已。

真实的未来必将更加惊心动魄。

目　录

第六集　来自新世界

第一集

机器新脑

When Machines Got A New Brain

有时我会想：一百年后的人，将会如何看待现在这个时代？

我觉得，那时的孩子如果看到 21 世纪初的视频，一定会觉得非常不可思议。

机器新脑

孩子们，爷爷那时候还是有不少好玩的：我们有大屏手机，有薄到能塞进信封的电脑，有超音速飞机和充电汽车。虽然，我们的手机、电脑需要人整天对着屏幕戳戳戳；我们的汽车、飞机需要驾驶员开；我们的冰箱不会自己下单买吃的；家具也不会根据主人的心情调节室温、灯光和座椅的高度；我们所谓的"智能硬件"其实都不会思考人生，更不要说自我意识了。

这些无脑的家伙表面上能够自动运行，靠的是那些在幕后操纵木偶的人——这一濒临灭绝的物种史称"程序员"，在当时的中国有 300 万之众。他们大部分属于"单身狗"科、"剁手族"属，对于"双十一""法定"节假日的诞生，做出了不可磨灭的历史贡献。

如果将来的年轻人问我：像人工智能这样通俗易懂的技术，为什么直到 20 世纪末才被人类想到，21 世纪初才开始发展？我只能无言以对。

也许我应该把问题无情地踢给古人：

您老人家早干什么去了？

1 会思考的豆腐

几千年前，有人为了像鸟一样学会飞行，屁股上插一把羽毛就敢跳悬崖；几百年前，有人因为宇宙很大想去看看，就敢把自己绑在一大捆烟花上当火箭发射出去，结果被活活炸飞[①]。有这么多为科学献身的大无畏精神，却很少有人思考，我们为什么会思考、我们是怎样思考的——现在想来，这实在有点匪夷所思。

最令现代人无法理解的是，古今中外几千年文明史中的绝大部分时间，人们连自己用哪个部位思考都不知道。

中国、埃及、希腊等文明古国的先贤们不约而同地发现：人类进行思考的器官，是——

心脏。

先说咱们中国：只要看看有关思维意识的汉字都是什么偏旁，你就"心"领神会了。不过，老祖宗们一直"心想"

[①]   此人就是明朝的陶成道，擅长火器制造，因被朱元璋封为"万户"（官职名），也称万户。明洪武二十三年（1390年），万户将47支自制火箭绑在椅子上，手持两个风筝，试图利用火箭的推力飞行，结果点火后即发生爆炸。美国科普节目《流言终结者》曾用烟花和小型火箭复制实验，发现推力根本不足以升空，万户很可能原地爆炸而死。尽管如此，这仍是人类有史以来第一次发射载人火箭的尝试。为了纪念这位失败的梦想家，美国国家航空航天局（NASA）将月球上一座环形山命名为"万户山"。

了几千年，也没想出脑这个器官有什么用。中医总结的"五脏六腑"几乎囊括了人体所有主要器官[①]，还分别对应阴阳五行[②]，可唯独缺了个脑。有人说脑是精髓之源，有人说脑是元神之府，还有人甚至认为，脑其实就是一大块脂肪。所以，形容人胖可以使用一个中国特色的成语：脑满肠肥。

中医"五脏"对应阴阳五行图解

而在同时代的西方，为了证明心脏是一种思维器官，亚里士多德用上了三段论：

1. 血液是生命之源；

---

① "五脏"指心、肝、脾、肺、肾，"六腑"指胃、三焦、胆、膀胱、大肠、小肠。
② 心属火，脾属土，肺属金，肾属水，肝属木。

2. 凡有血者必有心；

3. 心脏是胚胎中最早出现的器官。

结论：心脏是生物最本质的器官，一切神经的发源地。智力、运动和感知都是心脏负责的，脑和肺无非是心脏这颗CPU上盖的两大块散热器而已。

亚里士多德在西方文明史的地位不亚于中国的孔孟，他的"证明"几乎起到了盖棺定论的作用。以至两千年后，17世纪的哈维医生[①]剖开心脏时，都没有想到问一句：这个人肉水泵究竟是怎么靠血液循环来思考的？

直到17世纪之后，显微镜普及、微生物学建立、解剖技术提升，西方主流医学界终于开始接受"大脑是思维器官"的理论。只有被打了思想钢印的经学家，才能面对赤裸裸的证据坚定地说："如果不是因为亚里士多德的书里写着思维源于心脏，我倒是愿意相信大脑理论的。"

人是用哪个部位思考的，这个问题总算达成共识。但还是没有人知道，大脑究竟如何思考。因为大脑的功能看上去太过强大，导致不同时代的人们面对这个问题的第一反应，都是拿自己时代最先进的科技来类比。

----

① 　威廉·哈维（William Harvey）：英国生理学家、医生，发现血液循环现象，并正确论述了心脏的构造和功能。

在当时，人们所能想到的最智能的机器，是钟表。

可是把大脑拆开一看，这货简直就是一块水灵灵的豆腐，上哪儿去找精密的齿轮和机械结构呢？

专家们当然意识到了这个问题。他们很快得出了正确结论：大脑其实是一个液压传动系统，通过抽压神经中的液体，控制身体和肌肉！

好笑吗?

如果告诉你,现在很多人把大脑看作电脑或者CPU,同样是五十步笑百步呢?

过去两千年来,人类对自己的智能机制至少有过5种主流的理解,尴尬的是,没有一次猜对。

《圣经·创世记》:耶和华神用地上的尘土造人,将生气吹在他的鼻孔里,他就成了有灵的活人。

公元前3世纪:心脏是思维之源,大脑是散热器,用来冷却从心脏冒出来的热血。

公元1世纪,水利设施普及:大脑是通过体液控制动作和心理的液压系统。

16世纪,出现发条和齿轮传动:人是复杂的机械,思想源于脑内的微小机械运动。

18至19世纪,电的应用开始普及,发现神经纤维中的电信号传导①:大脑就是电报。

20世纪40年代,计算机出现:大脑是硬件,思想是软件。

就这样,在迷雾中踩完了两千年的坑之后,1943年,生物学家和数学家第一次建立了神经元的数学模型,脑科学与人工智能的发展从此终于步入正轨。1943年,轰炸机正

---

① 1780年,意大利物理学家路易吉·伽伐尼(Luigi Aloisio Galvani)在实验时偶然发现死青蛙的腿部神经在被电击时会引发肌肉抽动,从此开启了神经系统的电信号研究。

在二战的硝烟中肆虐，相对论、量子力学已经诞生了几十年，原子弹都快造出来了，我们才刚刚搞定一个小小的神经元。

事实上，脑科学的突破取决于一项重要的技术：生物染色。如果没有神经元染色技术，就算把一坨热气腾腾的大脑从头盖骨中取出，切成薄片放到高倍率显微镜下，看到的仍然是一碗灰色的豆腐脑。只有把 1% 的神经元细胞从保护神经元的胶质细胞中挑出来，才能看到大脑真正的电路图。直到 19 世纪末，人们忽然发现，某些重金属盐溶液可以专门给神经元上色（高尔基染色法[①]），而不影响别的细胞，这才真正开启了现代神经科学。

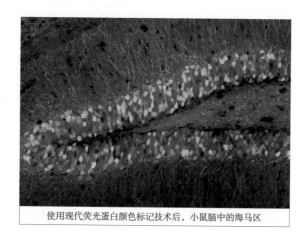

使用现代荧光蛋白颜色标记技术后，小鼠脑中的海马区

[①]　意大利神经解剖学家卡米洛·高尔基（Camillo Golgi）于 1873 年发明的神经染色法，当时使用铬酸盐和硝酸银溶液染色，可以清晰显示神经元结构。现代高尔基染色法是经过改良的 Golgi-Cox 法，一般使用重铬酸钾、氯化汞和铬酸钾溶液。

如果前辈们能早一点窥破大脑的秘密，我们今天的人工智能技术也不至于还停留在照葫芦画瓢的阶段，用CPU和集成电路笨拙地模仿生物的神经网络，就像跟着鸟学飞一样，挥舞着鲜艳的假翅膀在地面上蒙眼狂奔，每蹦跶一下就欢呼雀跃。

　　我只能说，也许人类文明命中注定点错了科技树。

　　古人永远不会想到，大脑这块像豆腐一样柔嫩多汁的器官，会和自由而高贵的灵魂扯上关系。只有在今天的核磁共振仪和荧光显微镜下，大脑才终于显出了它的真面目。

　　这不仅是一块会思考的豆腐。

　　这是一台人类有史以来见过的、最复杂的机器。

2 头脑风暴

　　假如你能缩小至 100 万分之一，变得和一个神经元差不多大，钻进一个人的大脑深处，会看到什么景象呢？

　　答案可能会让你失望：什么也看不到。

　　因为没有光，脑壳里当然是一片漆黑，无声无息。

　　然而，这种表面的宁静下，却酝酿着一场巨大的风暴。

　　是时候来点黑科技啦！

　　先把水母和珊瑚虫体内产生天然荧光蛋白的 DNA 转基因到神经细胞中，让神经元蛋白在紫外线下发出七彩荧光，然后用钙成像技术观察钙离子在神经元中的传输，我们就能亲眼"看见"神经元激发时无数微弱的生物电。

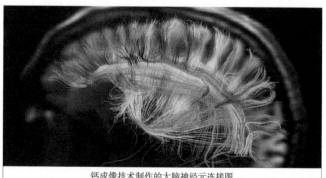

钙成像技术制作的大脑神经元连接图

暗无天日的脑壳，即将变成璀璨的星空。

你将亲眼见证，1000亿个神经元的闪烁。

1000亿——这几乎是整个银河系所有恒星的总数！

如果一定要给这个数字找个参照物的话，也许我们只能拿互联网时代引以为豪的尖端科技——集成电路做个类比。英特尔2017年发布的i7桌面级四核CPU，晶体管数量15亿；苹果2019年发布的A13 Bionic处理器，晶体管数量85亿；同年，华为海思发布的ARM架构手机芯片"麒麟990"，晶体管数量103亿。

晶体管数量，是衡量集成电路复杂度的典型指标，这已经是当今半导体产业拿得出手的最高水平。暂且不论性能和功耗，单比复杂度，手机芯片刚勉强达到人脑十分之一的水平。人脑，的确是人类有史以来见过的最复杂的机器[①]。

再对比下性能：每个神经元平均有 5000 个突触连接着其他神经元，每秒可产生约 1000 个脉冲信号，如果把每次神经信号传输等价为一次"计算"的话，人脑的最大计算能力是：50 亿亿次。换算成衡量 CPU 性能的每秒浮点运算次数（FLOPS），相当于 5 亿 GFLOPS。

而现代计算机的性能又如何呢？四核 i7 的性能是 40GFLOPS，就算是"天河二号"——世界排名第一的超级计算机，5000 万 GFLOPS 的恐怖算力，也只有人脑的十分之一。

现在你应该明白，形容人聪明得"像电脑"，对比普通家用电脑强大一千多万倍的人脑来说，是怎样一种侮辱。

这还没完。性能被人脑秒杀的 i7，满载功耗却有足足 120 瓦，相当于人脑的 7 倍。换句话说，如果人脑的功耗和 CPU 一样，那我每天要吃二三十碗米饭加鸡腿才能写出这本《机器新脑》……

闲言少叙，本次大脑梦幻之旅由我担任导游。接下来，让我们带着敬畏的心情，再次抬头仰望脑之星空，感受智慧的美丽与恢宏。

[①] 问题在于，人脑神经元数量似乎很难在短时间提升，但芯片晶体管数量还远远没有看见上限。截至 2019 年的最高纪录，是 Cerebras 公司为 AI 计算定制的专用芯片 Cerebras Wafer Scale Engine，晶体管数量高达 1.2 万亿，芯片尺寸比 iPad 还大。

Are you ready？

—— 我是说走就走的分割线 ——

我们现在位于大脑的底部，正沿着脊髓主干道向脑干一路向上进发。我们的正上方是头顶，面对前额……先天性路痴的朋友可以先打开地图定位。

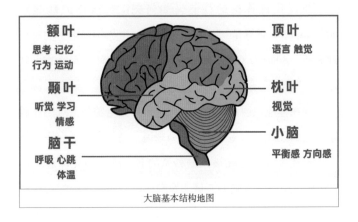

额叶
思考 记忆
行为 运动

颞叶
听觉 学习
情感

脑干
呼吸 心跳
体温

顶叶
语言 触觉

枕叶
视觉

小脑
平衡感 方向感

大脑基本结构地图

我们脚下的脑干和我们正后方的小脑，是最原始的脑结构，早在侏罗纪之前的爬行动物时代就进化完成。它们调控着心跳、呼吸、睡眠等基本生理过程，也掌管着古老的"战逃反应"[①]。

[①] "战斗或逃跑"反应（Fight or Flight Response），由美国生理学家坎农提出。当动物面临危险时，交感神经系统激活，释放出肾上腺素和其他激素，最大限度地调动身体（瞳孔放大、代谢加快、血液流向肌肉等），为接下来可能的战斗或逃跑做好准备。

在"爬虫脑"的外层，包裹着更大的一层脑结构：哺乳动物脑，又称"边缘系统"。这一块结构和大部分早期哺乳动物大脑类似，包括著名的杏仁核和海马体，分别负责产生情感和短期记忆转化。

而我们头顶最闪亮的脑之星空，则是人类引以为豪的"新皮层"，包裹在爬虫脑和边缘系统的最外层，分为左右脑两个半球。这是6000万年前进化的杰作，灵长类物种特有的脑结构。它占据了人脑全部容量的2/3，因为体积过于庞大，表面皮层被挤得折叠起来，形成了深深的沟回。抽象思维、艺术、逻辑与理性、语言能力，都蕴藏在那上百亿个闪烁的神经元中。

就像星座一样，新皮层分为多个区域，对应分管不同的功能。比如，前额的额叶区与人格、社交直接相关，后脑勺的枕叶部分则专门负责处理视觉图像。韦尼克区[①]和布洛卡区[②]组成了语言中枢，接收听视信号并控制唇舌喉的运动，让你能够听懂并说出人话……

大家快回头看我们后方，枕叶部分的脑区突然整体活跃了起来！

[①] 韦尼克区（Wernicke's area）：人脑中的语义理解中枢。韦尼克区受损者能听见说话的声音，但不能理解语义；能说出语法正确、语言流畅的句子，但无法在句子中表达明确含意。

[②] 布罗卡区（Broca's area）：人脑中的语法生成中枢，和韦尼克区互补，共同组成语言系统。布罗卡区受损者在语言理解方面完全正常，也能说出有意义的句子，但只能断断续续地蹦单词，句子中的语法结构完全丢失。

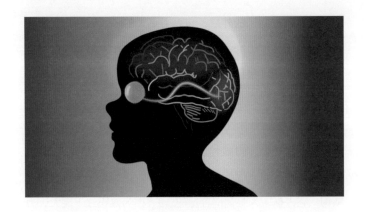

真壮观啊！百亿个神经元正在用电化学反应的方式奔走相告，神经元放电时产生的大量的钙离子在荧光下剧烈地闪烁，就像是超新星爆炸时照亮了半个星空……初级视觉皮层以及更高级的视觉皮层[①]一层层地分析视觉信号，分析颜色、形状和位置。持续了这么长时间，眼睛一定是看到了什么精彩的东西，要知道人脑看懂一张图片只需要十几毫秒，这简直是一场盛大的图像识别！

枕叶的视觉识别区正在暗淡下来……但是，风暴才刚刚开始，视觉区的燎原之火在整个大脑蔓延开来，接下来分布在各脑区不同位置的语言、运动、情感中枢都会有反应。

---

① 人脑视觉皮层共有 6 层（V1~V6）。V1 称为初级视觉皮层，用来识别点、线等基本几何图形；V2~V5 称为纹外皮层，在 V1 的识别基础上对信息层层加工，如分辨颜色（V4）、追踪运动中的位置（V5）等。除 V1~V6 外，近期也有研究表明可能还存在其他视觉区域，如后鼻腔皮层（Postrhinal Cortex）。

　　　　　　　　　　　　　　　　　　　　　　　　机器新脑

大家快看前方！左脑的语言中枢开始活跃了！负责听力和语义理解的韦尼克区和控制说话的布洛卡区先后同时开始剧烈地闪烁，看来大脑的主人正在和别人对话。

现在，语言中枢也逐渐安静了下来……亲们先不要走开，大家听我说，还有一件有意思的事情正在发生，我们可以等一下，看接下来会发生什么。

在我们的头顶正上方位置，请注意看有一些闪光……光线比较暗，请大家关掉手机之类的光源，这样可以看得更清楚。这些闪光来自离我们最近的躯体运动和感觉皮层，它们的位置很特别，就像两只头戴式耳机一样，从左耳经过头顶连到右耳，形成两片半个环形的感受区，分别负责人体各部位的运动和感觉。

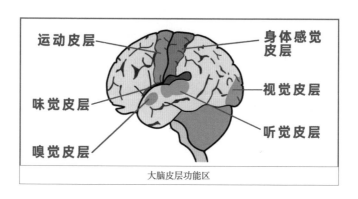

大脑皮层功能区

（一阵骚动后）……不要惊慌，这个红色的指示灯仅仅是检测脑内环境中的化学成分，目前显示一种化学物质的浓度正在迅速增加，应该是多巴胺。简单来说，多巴胺就是让人感觉快乐的神经递质，比如一个吃货在享受美食时，他的大脑就会分泌出大量的多巴胺[1]。

我们还是继续看上空，感觉皮层的闪光强度正在增大，频率也越来越高。这里我解释下，这个耳机状的环形皮层中的每一段，都对应着身体上不同的感官。对，地图中有这一页，大家可以对照着看。目前在左右两侧闪光的，对应大概耳朵上面的位置，是接收面部神经信号的感觉皮层，包括唇舌部分。

再往上看，是感受、控制手部运动的皮层。人类对手的控制可是占用了整整一大块脑细胞，据说钢琴家的脑中，控制手指运动的皮层比一般人更大。这一部分也出现了频繁的高强度大脑活动。再往上是头顶位置，臀部、腿部、脚趾的感受区，现在这一块的神经元也非常活跃。

---

[1] 多巴胺不能简单等同于快感，它还和上瘾机制有关。与其说多巴胺是大脑给身体发的红包，倒不如说是大脑画的饼，它带来的不是成功后的满足感，而是对未来成功的饥渴感。做某事→大脑分泌多巴胺→再做→分泌更多……一旦循环，人会产生重复性的强迫行为，且越发难以满足；如果强行中止，会引发焦虑。这种上瘾机制已被广泛应用到现代互联网产品中，让你感觉"下一局会更爽""下一条更精彩""根本停不下来"……

　　　　　　　　　　　　　　　　　机器新脑

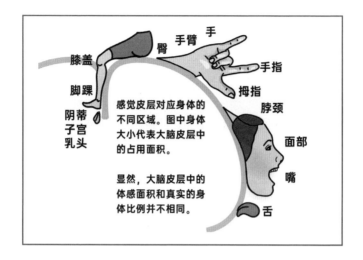

膝盖
脚踝
阴蒂
子宫
乳头
臀
手臂
手
手指
拇指
脖颈
面部
嘴
舌

感觉皮层对应身体的不同区域。图中身体大小代表大脑皮层中的占用面积。

显然，大脑皮层中的体感面积和真实的身体比例并不相同。

在头顶正上方，左右两个脑半球连接的沟回处，其实离我们现在的位置挺近。虽然这个部分面积不大，但是可以清晰地看到强烈的闪光。这里其实是感觉皮层的末端，对应着人体的……呃，我看下地图，应该是……

生殖器？！

各位旅客，请系好安全带，我们接下来可能会遭遇不可描述的……颠簸，那边拍照的请尽快回到座位上，我们马上返航……

③ 暗算

"最近感觉满脑子都是想法，脑袋内存不够用了，导致CPU有点发热，谁有办法帮我清一下内存？"——摘自《百度知道》

不要恐慌，这并不是终结者机器人在和360安全卫士聊天。这是2016年，一个中国网友用来形容自己大脑的文字。并不奇怪，在很长一段时间里，人们都用计算机来理解大脑模型，而且觉得这种比喻非常好用：

大脑处理信息——CPU处理数据；

大脑短期记忆——内存暂存当前数据；

大脑长期记忆——硬盘永久存储历史数据。

然而，人脑不是人肉版的电脑，人脑中并不存在等价于CPU、内存和硬盘的硬件结构，电脑也不是模拟人脑的运作机制造出来的。人们逐渐发现，表面功能上的相似并不代表底层原理的相似。就好比，鸟、飞机和气球都会飞，但它们利用空气动力学的方式却完全不同。

要证明人脑和电脑本质上的不同，多想想两者之间的差异你就会明白。比如，很多在电脑看来再简单不过的小事，人脑却表示很头大。

如果要 PK 加减乘除四则运算，没人比得过一个 10 块钱的计算器。中国同学好歹还自带九九乘法口诀加持，"歪果仁"（外国人）可就惨了，大部分高中以上文化的美国人连心算加减法都困难。于是，美国小超市的收银台时常出现两国人民针锋相对的暗算：

中国顾客：总共 11 美元，给你 21。

美国收银员：（一脸蒙 ×）给 20 就够了……

中国顾客：找 10 块钱整的啊！

美国收银员：（关爱残疾人的眼神）把 1 元硬币默默推了回去……

数学是我国人民所擅长的学科——华罗庚

但是，我们能从上面的例子得出结论说：因为大脑的计算能力不够，所以连"中国式找零"都不会算吗？

错！

不同文化、地域、种族、年龄的男人，只要取向正常，对女性身材的审美就出奇地一致：所有人都喜欢腰臀比 0.7:1 的女神，而不是 1:1 的大妈。这是一项在漫长的进化过程中磨炼出来的古老本能。合适的腰臀比是女性生育能力的标志，因为臀部和大腿的脂肪专门用来储存 DHA 不饱和脂肪

　　　　　　　　　　　　　　　　　　　　　机器新脑

酸，而这种人体自身不能合成、食物摄取中也极为稀缺的DHA，恰恰是胎儿大脑发育的必需品。所以男人一眼就能看出，拥有较高 BMI 指数 ① 和较小腰臀比的 S 形孩子他妈，能生出更健康的后代。

好吧，其实这些都不是重点——重点在于，大脑究竟是怎么在惊鸿一瞥的瞬间算出腰臀比的？

某些连心算两位数加减法都有困难的雄性动物，却能在 1 秒不到的时间内，纯靠目测完成从二次元图片到三次元妹子的空间转换建模，然后心算出精确的腰臀比指数。如果再多给点时间，让他有机会完成对女性眼睛、眉毛、头发、嘴唇、胸部……的全身扫描分析，最多只要 8.2 秒，就足够坠入爱河乃至出现生理反应！但为什么从来没见过哪个数学不好的男生对俄罗斯大妈心存仰慕，过了几分钟才突然回过神来：哎呀妈呀，我算错了一个小数点！

这回该轮到电脑蒙 × 了。无论人脸识别还是身材识别，这种人类熟视无睹的家常便饭，却困扰了计算机科学家几十年，直到最近才开始用人工智能技术做颜值打分，还时不时出现某种神奇的效果：

---

① Body Mass Index，身体质量指数，简称体质指数，是目前国际上常用的衡量人体胖瘦程度以及是否健康的一个标准。

这只 AI 的口味有点重啊……

　　无论是理论上千亿级的神经元数量，还是实践中人类碾轧电脑的人脸识别技能，都让我们确信，人脑天生具有恐怖的算力，令所谓的智能电脑、智能手机简直无颜以对。唯一"杯具"（悲剧）的是，大脑的计算好像只能在潜意识中暗搓搓地进行，为什么一到数学考试，这种超能力就叫天天不应了啊……

　　没错，这种一边强大得令人发指，一面低幼得不可理喻的特征，就和大脑的另一项技能点一样，是人类特色的神奇功能。

4 记忆碎片

正在阅读本文的各位读者，我相信你们都自认为是记忆力正常的人，否则也不敢来看这种书吧？

那个莫名其妙被教授抓来画美元的同学也是这么想的。

美国心理学家罗伯特·爱泼斯坦设计过一个经典的实验：让一个非美术专业的学生，仅凭印象，尽可能详细地画出一美元纸币的正面。

下面请欣赏作品：《碗打了》（One Dollar）

这部作品呈现出极简主义的艺术风格。在视觉方面，主张艺术作品不是作者自我表现的方式，采用简单普通的四边形，使用重复或均等分布的手法，消隐具体形象传达意识的可能性，极少化作品作为文本或符号形式出现时的暴力感，开放作品自身在艺术概念上的意象空间，让观者自主参与对

作品的建构，成为作品在不特定限制下的作者。

学生画完以后，没想到教授拿出一张真的 $1，硬是让他照着实物又描了一遍：

美元对于美国人就像人民币对于中国人一样，是日常生活中再熟悉不过的东西。就按平均每天买东西掏出来一次的频率计算，这位同学少说也见过美元上千次了，结果画出来的东西——唉，先不论什么技法、流派了，单论准确度和信息量，简直就是驴唇不对马嘴。缺失大量细节就不说了，连少数记住的部分都能全部画错！

真实的 1 美元纸币上，ONE DOLLAR 的位置不在两侧而是在底部，且四角的 4 个 1 大小并不相同。华盛顿画得倒是比真人帅了不少，可他的脸应该朝右而非朝左，衣领两边是敞开的，相框也不是正圆形而是镶边的椭圆形。最尴尬的是，那句著名的"IN GOD WE TRUST"，在真钞上根本找不到，因为它其实在反面！

你们都在嘲笑这位同学，但是我没有。因为我也试着画了一下朝思暮想的人民币，结果画出来的是抽象主义风格：

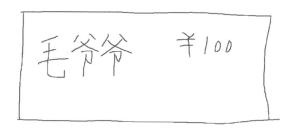

　　怎么会这样？难道是我们都高估了自己的记忆力吗？难道，其实我们根本不记得身边的人和事，这一切只是自欺欺人的幻想？

　　不对啊，我敢打赌：如果骗子真拿出一张长成上图的钞票那是绝对蒙不了我的！

　　人类记忆力的吊诡之处在于：大脑可以记住所有事的大部分信息（从视觉到声音的各种感官信息，甚至包括情感），却无法彻底还原其中任何一件事。除了确实都能存储信息以外，大脑和硬盘之间其实没有任何共同点。

　　电脑的存储机制，是把数据的每一个字节都存到硬盘、再一字不差地读取出来。与之截然不同的是，大脑会自动提取可用来做图像识别的重要特征，而剩下那些"不重要"的信息则会被遗忘机制逐渐丢弃。这就是为什么，就算是你最亲密的家人朋友，要完整地画出他们的面孔都非常困难，因为大脑真正记忆的识别特征并不足以还原出整体细节。但如果 Ta 去整了个容，哪怕只是修个眉拉个皮甚至仅仅是换了个新发型，都会让你的大脑非常诧异，因为细微特征的改变足以让人脸识别系统察觉到不对劲。

对大多数人而言，人脸识别是个天生就会的技能点，好像没什么大不了的。但某些先天性遗传或后天脑部疾病导致的脸盲症患者，却对此艳羡不已。大部分脸盲症并不是大脑的识别系统出了问题，而是无法将脸部特征存储为长期记忆。也就是说，对于只见过一面的人，哪怕第二天再次遇到，脸盲者也完全想不起来是谁，只能靠观察衣服的颜色、嘴上有颗痣这样的明显特征来辅助记忆。

在总人口中，脸盲症患者的比例为 2.5%~2.9%，脸盲者其实大有人在，黑猩猩的老朋友珍·古道尔、量子力学奠基人之一保罗·狄拉克、乔布斯的小伙伴斯蒂夫·沃兹尼亚克都是脸盲，还有你们也许更熟悉的布拉德·皮特。但是对于小皮这样的娱乐圈明星，脸盲可是一件时常得罪人的事情，好在"假装认识人"这个桥段是他打小就在磨炼的纯熟演技。

　　　　　　　　　　　　　　　　　　　机器新脑

  而对于完全丧失复杂图像模式识别能力的晚期患者，他们的对话往往是这样的：

  "你看这是什么？"

  "差不多六英寸长，有红色的螺旋形状，系着一条绿色的线性物体。"

  "对。那你觉得这是什么呢？"

  "不好说……它缺乏柏拉图多面体的对称性，但它或许具有更高级的超对称形态……"

  "闻闻看。"

  "真漂亮！初开的玫瑰，浓郁的芬芳！"

当一群人为无法记住而困扰的时候，另一群人却面临着恰恰相反的问题：无法忘记。他们天生自带"摄影式记忆"，生活中的一幕幕就像被拍照存档了一样记录在大脑中，"十年前的今天你早饭吃了什么"这种问题对他们来说根本不是事——超忆者[①]。

勒布朗·詹姆斯就是他们中的一员。你没看错，就是NBA的"詹皇"本人。

他清晰记得每一次扣篮、每一次传球、每一回合的攻防；他还记得每一场比赛每一节的战术安排，每个队友是谁在盯防。这就意味着，要打败詹姆斯的球队可得非常谨慎地安排战术，因为他很清楚三年前双方交手时对手的打法和习惯。一开始小伙伴们还以为，这是一个对篮球事业无比用功的学霸；后来才发现，他真的什么都记得，包括那些没人会留意的事，以及生活中各种无关紧要的琐事。

詹姆斯自己倒并不觉得这是什么不可思议的超能力。从小他就能记得格斗游戏中的全部出招表，打得小伙伴们输光了零花钱。但詹皇的困扰在于，有时他的记忆能力也是一件

[①] 超强自我记忆症（Highly Superior Autobiographical Memory），也称超忆症（Hyperthymesia）。超忆者通常在很小的时候（不早于出生时）就形成记忆，能无意识、无差别地记住自己主观经历过的所有事情，回忆过去任何一刻的细节毫不费力。超忆症在人群中极为罕见，据称全球确诊的只有80多人。虽然超忆者常被视为"天才"（美剧《生活大爆炸》中谢尔顿的各种天才人设中就有超忆者），但拥有"摄影式记忆"并不等于智商爆表，记住每天的流水账反而带来更多的困扰：无法区分回忆与现实、突然陷入回忆中的情绪、过于依赖记忆而不擅长抽象思维等。

坏事，因为他无法忘记失败。

就像 2011 年 NBA 总决赛，至关重要的第四场，詹皇所在的热火队被小牛队神奇逆转。他的表现宛如梦游，上场46 分钟只得 8 分。所有人都在问：他到底在想什么？

"我比赛时会想到很多东西，有时候大脑混乱了，想得太多，无法单纯地打球。在比赛中，脑海里已经模拟出了各式各样的状况，这有时会让你很难专注于真正重要的事情。"

上一场对阵时的失败，年轻时所有的失误，都历历在目，痛苦如乌云般席卷而来。过目不忘是一种天赋，也是一种诅咒。当过去的幻影占据了整个心灵，抛下一切奔赴明天并不容易。

遗忘可能并不是大脑"内存不够"或"硬盘坏掉"的表现，而是一种优化机制，让大脑更擅长识别抽象的整体概念，而刻意忽略掉具体的细节。在漫长的进化道路上，专注当下，展望未来，永远要比沉湎过去带来更大的生存机会。

无论是记忆抽象特征还是记忆具象细节，大脑的存储能力可谓海量。没有人知道大脑到底有多少记忆容量，因为我们从没见过谁的记忆被"装满"[①]。大脑就好比一个右键点不出属性的移动硬盘，你往里面拷了 10G 的资料，又拷了100G 的电影，最后干脆编了个程序自动往里面传数据……

---

① 　以超忆症为例，目前，还不知道超忆者的记忆容量是否有上限。

就这样 80 年过去，它竟然还是没有提示"容量已满"？！

还有一个问题：这些数据究竟存放在脑中何处呢？

尽管人们很久以前就发现，记忆的核心区域是大脑的海马区以及周边的内侧颞叶，但具体到看过的某本书的内容在哪儿，吃过一道菜的味觉在哪儿，背过的英语四六级单词在哪儿，我们完全不得而知。

在一些特殊的失忆症患者中，出现过很多诡异的案例：有的人忘记了所有名词，但动词却没问题，有的人恰恰相反（说不出动词），还有人只是忘了专有名词；有的人忘了动物的名字，有的人叫不出身体部位，有的人不能命名颜色，还有人除了不知道蔬菜和水果怎么说，其他一切正常。天哪，难道大脑这个硬盘是按词性分成一个个文件夹吗？那凭什么蔬菜和水果要分到同一个文件夹呢？

虽然我们现在仍然回答不了所有问题，但智慧的来源已经不再是未解之谜。信息并不是在大脑中的小小文件柜里整齐排列、专门存放的；不同的数据分布在千亿个神经元组成的庞大网络中，彼此之间相互连接。

这就是大脑的底层原理——神经网络。

万能钥匙

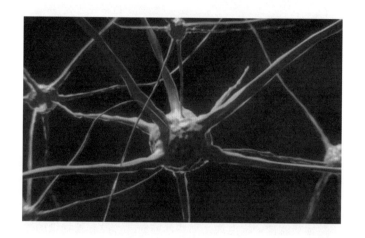

　　这只是大脑千亿神经元中，默默无闻的一个。虽然被 P 成了科幻风，但是基本结构还算准确。神经元细胞的结构很简单：中间一只球形的细胞体，一头长出许多细小而茂盛的神经纤维分支（称为树突），用来接收其他神经元传来的信号；另一头伸出一根长长的突起纤维（称为轴突）①，用来把自己的信号传给别人。轴突的末端又会分出许多树杈，连接到其他神经元的树突或轴突上。

――――――――――

① 深入脊髓的轴突最长能有 1 米多。

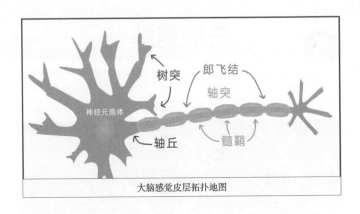

大脑感觉皮层拓扑地图

当大脑思考的时候，一个最底层的神经元在干什么呢？

首先，各个树突接收到其他神经元细胞发出的电化学刺激脉冲，这些脉冲叠加后，一旦强度达到临界值，这个神经元就会产生动作电位，沿着轴突发送电信号。

轴突就像一根电线，那些暴露在外、没有被绝缘的髓鞘①包裹的缝隙叫作郎飞结②。当神经元发送的电信号传送一段距离后出现衰减时，就会遇到一个郎飞结，细胞膜上的钠离子通道自动打开，外部带正电的钠离子蜂拥而入，轴突上的电位迅速拉升，从而有足够的能量跳跃到下一个郎飞结。靠着这种生化版信号中继放大器，电信号就能不随距离衰减，持续接力传送下去。

---

① 髓鞘：包裹在神经纤维外部的绝缘物质，成分为蛋白质和磷脂。
② 郎飞结（Nodes of Ranvier）：神经纤维中无髓鞘的裸露部分，直接接触神经元外部细胞液。

最终，轴突将刺激传送到神经元末端的突触，电信号触发突触上的电压敏感蛋白，把一个内含神经递质的小泡（突触小体）推到突触的膜上，从而释放出突触小体中的神经递质。当这些化学物质扩散到其他神经元的树突或轴突上时，又会激活新的神经元上的钠离子通道，于是信号终于传递到了二级神经元上。

复杂吗？

确实挺复杂的。实际上，大脑中真实运作的生物电化学反应细节，其复杂程度远不是这短短几句话能概括的。但是，就好比我们想要理解汽车的原理，其实并不需要搞清楚93号汽油的化学成分一样，我们完全可以把神经元抽象成更为本质的模型。

比如，一只水桶。

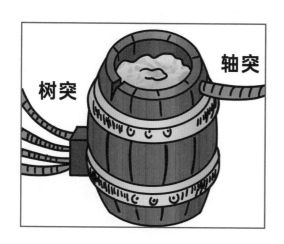

回忆一下万恶的小学应用题吧：

有一只水桶，从外向里灌水需要 10 分钟，从里向外放水要 15 分钟。现在把进出水龙头全打开，求多长时间可以把水桶灌满。

如果忽略掉"电信号怎样在生物细胞中传输"这样的技术细节，其实神经元模型可以等价为一只有多根进水管（树突）和一根放水管（轴突）的水桶。注意，这两种水管的高度是不一样的。只有当树突灌进足够多的水（信号），使得水位上升到足够高（阈值）时，轴突这根出水管才会喷出水来（激发），而喷出的水流进了下一只水桶（传输）。射完之后，水桶水位突然下降，要休息一段时间才能再次喷射（不应期）。

水桶 1 号把纯洁的液体射入水桶 2 号的体内，身体被灌得肿胀的桶 2 瞬间亢奋起来，继续向桶 3 发射……把这个场景扩大到千亿个神经元，就是人脑的原型图。想想就有些小邪恶呀……

虽然人脑并不是由液压系统驱动的，但是神经元的连接方式却是基于相同的原理，谁要是闲得没事，完全可以用一堆水桶做出一个中世纪版的神经网络。

当然，现在没有谁会真用水桶搞人工智能，因为我们有着高效得多的工具：计算机。虚拟世界的神经网络模型比水桶还要简单，只需一组数字就能构建出一个神经元。比如，

3个输入（树突）、1个输出（轴突）的神经元模型，在计算机中只需要5个数字表示：

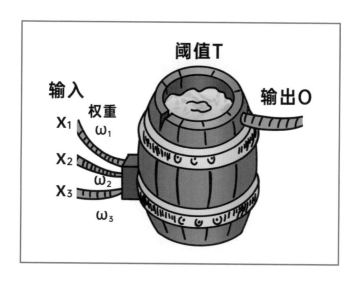

3个值表示每个输入的权重：

$$\omega_1 = 1$$
$$\omega_2 = 1$$
$$\omega_3 = 1$$

1个值表示阈值：

$$T = 1$$

1 个值表示神经元激发后的输出：

$$O = -1$$

这样，一只虚拟水桶 / 神经元就建好啦。

这些数字都代表什么呢？你可以把 3 个权重 ω 看作进水管的粗细，1 个阈值 T 相当于出水管的高度，1 个输出 O 代表喷出的水量。当然，这 5 个参数的数值可以随意设置。

现在，让我们打开 3 根进水管的水龙头（输入）：

$$X_1 = 1$$
$$X_2 = 1$$
$$X_3 = 1$$

好吧，三根水管的进水速度 X 也都是 1。这只水桶终于开始动作了：第一根水管的输进了 $X_1 * ω_1 = 1$ 的水量，第二、三根水管的进水量也完全相同（谁让我图省事把所有值都设成 1 了呢），所以进入桶中的总水量 = 1+1+1 = 3。

机器新脑

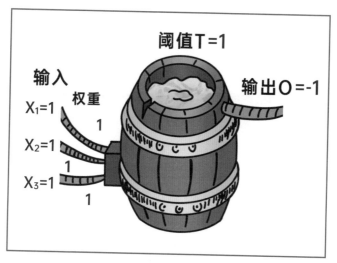

阈值T=1

输入　权重

$X_1=1$

1

$X_2=1$

1

$X_3=1$

1

输出O=-1

　　现在，关键的地方来了：因为目前桶内水位（=3）已经远高于出水管的高度（T=1），在体内巨大的压力下，出水管终于忍不住喷射了——它输出了一个值为 –1 的数字！

　　我已经听到有人在窃窃私语了：闹了半天，搞什么高大上的神经网络，原来就是小学加减法啊！果断弃！

　　其实，不止你一个人会这么想。早在20世纪40年代，我们就有了神经网络模型，但为什么能识别人脸、能下围棋的"深度学习"直到最近才刚刚崛起呢？因为中间至少有20年的工夫（史称"AI寒冬"），大家都没想明白：这么简单的东西能有什么用？

　　你说得没错，神经元就是这么简单。事实上，组成大脑的近千亿个神经元，个个都是这么简单，没有哪个神经元长得天赋异禀骨骼清奇。虽然单个神经元做的事情一眼就能看明白，但是千亿个神经元连接起来之后，量变引起质变，让你看不明白的智能就会自动涌现。

1972年，美国物理学家菲利普·安德森[①]在《科学》杂志上发表的一篇短文《多而不同》[②]，无意中成了21世纪几乎所有学科的至理名言。安德森从他最熟悉的量子物理出发，解释了人们常说的"量变引起质变"究竟是怎样发生的。在量子隧穿效应的作用下，由几个原子组成的小分子会自发跃迁到别的状态，它对外呈现的总状态是所有可能状态的叠加；而对于几十个原子组成的、稍大一些的分子，这种跃迁虽然理论上仍然存在，但实际发生的概率极低，它看上去就像永远停留在某个特定的状态一样，原本平均、对称的性质被打破了——用物理学的话说，仅仅因为数量的增加，就发生了"对称性破缺"，新的特性自发出现了！

人们曾经以为，只要把一个复杂系统中的每个零件拆下来研究清楚，就能明白整个系统是如何运作的，但越来越多的事实告诉我们并非如此。在物理学中，就算彻底掌握了单个物体的运动轨迹，也难以求解"多体系统"——仅仅三

---

① 　菲利普·安德森（Philip W. Anderson），1977年诺贝尔物理学奖得主，在高温超导领域做出重大贡献。1987年提出共振价键理论，解释了掺杂铜氧化物中的超导性起源。

② 　原文为 More Is Different: Broken Symmetry and the Nature of the Hierarchical Structure of Science。

机器新脑

个物体组成的系统就会陷入无法预测的混沌①！对于神经网络，就算记录下每个神经元在每秒钟的活动，也无法推算出大脑此时在想什么。整体的复杂性并非因为个体的复杂，它来源于万物之间的互联。

对于传统的科学思维"还原论②"，这是一个致命的打击。不过对于我们，这反倒是一个好消息：正是因为多而不同、量变能产生质变，宇宙才会从无数个平淡无奇的基本粒子，自发形成今天这个无奇不有的大千世界，还诞生了人类这样在一定程度上能理解宇宙规律的智能生命。

不过，你恐怕难以想象，哪怕只有一个神经元，也可以表现出最基础的"智能"！

怎么可能？单单一个神经元能做什么呢？

它可以当作一个决策系统。比如，出去吃还是叫外卖这种事，就可以用神经元来决定，比抛硬币靠谱多了。这个决策模型通常取决于 3 个因素：

1. 下雨吗？

2. 远不远？

3. 和谁去？

① 这就是著名的"三体问题"，也是科幻小说《三体》的基础设定：三个恒星组成的系统在万有引力的作用下运动，其轨迹无法精确预测。

② 一种哲学思想，认为复杂系统可以分解为多个简单对象加以理解。

每个因素（输入）可以根据程度不同，用 0~1 之间的一个小数表示。例如，对于第一项因素: $X_1 = 1.0$ 代表晴空万里，$X_1 = 0.5$ 是多云转小雨，$X_1 = 0.0$ 表示瓢泼大雨 + 电闪雷鸣。其他以此类推: X_2 代表距离远近或者时间长短，X_3 代表某人的重要程度。

　　另外，每个因素在你心目中的地位也是不同的。如果女神已经在餐厅等着了，天气和距离阻挡得了你吗？当然，如果真遇到 13 级台风，你想走也走不了。所以，我们可以把同伴因素的权重 $(\omega)_3$ 设为 5，天气和距离因素 $(\omega)_1 = (\omega)_3 = 2$。

　　最后，设置阈值 $T = 5$，只要输入总和大于 T 值，就决定出去吃；否则，就叫外卖。

　　模型配置完成，可以综合任意情况进行决策了。对于这个神经元:

　　　　天气好，距离也近，但没有人陪 => 叫外卖

　　　　雷雨天，2 小时路程，为了女神 => 出去吃

　　下了点小雨，不是太远，没有女神咱有基友 => 寝室里撮一顿!

　　如果觉得这种草根型决策器，配不上你这样的土豪或者男神——那么很简单，自己调整模型参数，直到神经元做出的决定符合你的个性为止。

　　如果把神经元数量加到两个，还会出现更神奇的效

机器新脑

果……

接着刚才那个水桶版神经元模型：它输出了一个值为 -1 的数字。如果把这个输出作为第二个神经元的输入，会发生什么呢？

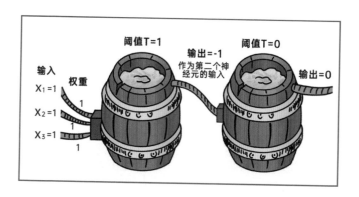

神经元 2 号的阈值 T=0，而其输入 -1 < 0，所以水位不够导致 2 号没有激发（输出 0）。于是，两个神经元连到一起，我们最终得到了一个能把输入为 1 变成输出为 0 的东西。

电子工程专业的同学说感觉似曾相识？

那就对了——这就是逻辑电路中的非门 [①]（NOT）！

区区几颗神经元就可以完成与门（AND）、或门（OR）、非门（NOT）三种逻辑关系的状态转换，异或门（XOR）

[①]　非门：逻辑电路的基本单元，当输入为高电平（代表 1）时，输出为低电平（代表 0），从而起到数学运算上逻辑取反的效果。

的实现复杂一些，要用到 7 个神经元组成的三层神经网络。地球人都知道，计算机的底层原理就是基于逻辑门电路，与非门电路可以把两个二进制数字相加求和，而能做加法就意味着能做加减乘除的任何计算。那么，以神经元为基础，是不是可以造出计算机呢？

实际上，神经网络的潜力远远超越了传统计算机。只要有足够多的神经元，只要这些神经元组成足够多的层级，再加上恰到好处的模型参数，神经网络可以把任何输入变成任何输出。

举几个例子：

如果某个神经网络能够把一张图片作为输入产生 3 种输出：1. 这是喵；2. 这是汪；3. 都不是——图像识别分类器。

如果某个神经网络能够做到输入"李白"，输出"床前明月光"；反过来输入"床前明月光"，输出是"李白"——这个神经网络不仅可以当硬盘用，还可以联想和搜索。

如果某个神经网络能够做到输入"车六平五"，输出"象五进三"——下棋。

如果某个神经网络能够做到输入"How are you?"，输出"I'm fine, thank you. And you?"——聊天 + 客服。

如果某个神经网络能够做到输入"How are you?"，输出"你好吗？"——翻译。

……

几乎每个人都能做到以上这些事。但是，如果我们猜得没错，如果大脑纯粹是靠生物细胞构成的神经网络做到这些的话，那么用硅晶和电力运行的机器版神经网络凭什么不能用同样的原理，做到同样的事情呢？

不好意思，其实我们已经做到了——只是大部分情况下，还没能超过人脑的实力。

神经网络究竟是什么？一句话，这是一种不是微信却时时刻刻在发消息，不是电路却可以做逻辑转换，不是CPU却能做计算，不是硬盘却能存储数据的东西。这是所有答案的万能钥匙，这是开启智力的瑞士军刀。

这就是超越图灵的机器新脑。

第二集

围棋

God of Go

之神

世界上最难的游戏是什么？

SC[①]？

CS[②]？

DOTA[③]？

LOL[④]？

我承认，要玩好这些游戏，要在全世界上千万名玩家中杀出重围，需要极高的天赋和技术。无论比什么，绝世高手永远是凤毛麟角。就算是一万人比赛1+1=2谁算得快，也只有一人能成为四则运算之皇。

但是私以为，和下面这种游戏的难度相比，它们都会被秒成渣：

围棋，是世界上最难的游戏。

---

① 　星际争霸（Star Craft）：暴雪公司出品的科幻风即时战略游戏。

② 　反恐精英（Counter Strike）：Valve 公司开发的第一人称射击游戏。

③ 　刀塔（Defense of the Ancients）：Valve 公司开发的角色扮演型对抗游戏。

④ 　英雄联盟（League of Legends）：Riot Games 公司开发的多人在线竞技游戏。以上四种游戏都是当代电子竞技的经典项目。

凭什么？

就凭一个词：**上限**。

在 CS 的世界里，自动瞄准＋百分百爆头就是枪法的上限；DOTA 中，人称"开图[①]"就是意识的上限。这些游戏在规则允许范围内，都有一个看得到的极限，只不过一般人很难做到而已。对人类玩家而言，百分百爆头说起来容易做起来难，可是对 AI 来说也就是开个挂的事。

但在过去的很长时间里，AI 一直没法在黑白棋盘上战胜人类的顶级选手。因为没人看得到，围棋的上限长什么样，更别提那些开发 AI 的程序员了。

有谁知道，在围棋所有的 3^{361} 种可能性中，究竟哪些走法是最好的？

假如从 137 亿年前宇宙诞生时下起，60 亿人每天下 60 亿盘，每盘不同，到目前为止，也只下了所有棋局的不到亿亿亿万分之一。下围棋，无异于探索思维的宇宙。

就算是顾师言、秀策、吴清源、李昌镐，这些历史上的顶尖高手，也只能代表他们所在时代的高度，而非围棋本身的上限。假设存在一个棋力 MAX 的"围棋之神"，我们根本无从想象，和 TA 下棋会是一种什么样的体验。

---

① 　游戏地图中未探索的地区不可见（战争迷雾），"开图"指地图全部可见，彻底看清对手的动向。除了开挂作弊，唯有猜透对手的打法和意图，做到知己知彼、百战百胜。

日本棋圣藤泽秀行说："我对围棋的理解就5%。"

吴清源（人称围棋史上最佳）说："棋盘不是胜负，是阴阳。"

在棋盘上，有人如角斗士般拼杀，直至吐血而亡[①]；有人像坐禅，一动不动地对着棋盘长考十几个小时；还有人看破胜负，如同宇航员面对浩瀚的宇宙时，谦卑而全力以赴地探索。两千年来，他们是万众景仰的"大国手"，代表人类终极智慧、承载着尊严与梦想的最强大脑。

直到"阿尔法狗"横空出世。

---

① 1835年7月27日，26岁的赤星因彻挑战当时日本的棋坛霸主本因坊丈和，在第四局被击败，因心力交瘁（再加本就患有肺结核）当场吐血，两个月后去世。史称"吐血之局"。

① 棋逢对手

"阿尔法狗"与李世石的人机大战，已经载入世界围棋史册。

2016年3月9日—12日，"阿尔法狗"连下三城，根据五局三胜的赛制，李世石九段已提前被淘汰，无缘100万美元奖金。

3月13日，李世石扳回一局；3月15日收官战，"阿尔法狗"再下一城，最终比分定格在4:1。

这一刻标志着，从五子棋、魔方到象棋的一切智力游戏，**人类已经没有一项是机器的对手。**

仅半年后的2016年12月29日，世界棋坛又出大事了——神秘高手出山，震惊围棋江湖！

在中国最火的围棋对战平台"弈城"上，一个自称Master的怪人，不知疲倦地找顶尖高手单挑，完事后一言不发。没有人知道他究竟是谁。

最变态的是，他从没输过。

唯一的一场平局，是在和新科冠军陈耀烨下到第7手时，机智的耀哥突然掉线——30秒没有落子，系统自动判定和棋！

不过翌日再战，还是败给了Master……

短短一周内，Master 豪取 60 连胜，干掉了十多位中韩世界冠军，包括曾经排名第一的柯洁大棋渣，史称"七日之战"。

排名	姓名	国籍	积分
1	谷歌阿尔法狗	🇬🇧	3612
2	~~柯洁~~		3608
3	~~朴廷桓~~		3589
4	李世石		3557
5	~~井山裕太~~		3532
6	~~芈昱廷~~		3529
7	~~金志锡~~		3515
8	~~连笑~~		3515
9	~~时越~~		3509
10	~~陈耀烨~~		3497
11	~~柁嘉熹~~		3497
12	~~朴永训~~		3496
13	~~周睿羊~~		3493
14	~~李钦诚~~		3482
15	~~黄云嵩~~		3471
16	~~古力~~		3470
17	~~李东勋~~		3468
18	~~申真谞~~		3467
19	~~姜东润~~		3464
20	~~檀啸~~		3459

惨绝人寰的世界围棋排行榜，唯有李世石笑而不语

　　　　　　　　　　　　　　　　机器新脑

前二十名的大佬，凡是敢单挑 Master 的都被干掉了！

眼看一大拨九段被活活团灭，大家终于悟出来了：地球上根本没有人这么强——

这种事情，只有狗做得出来！

2017 年 1 月 4 日，"阿尔法狗"的主人，DeepMind 团队终于官宣：Master 就是"阿尔法狗"的马甲！

"我们最近很努力地开发 AlphaGo，刚过去的几天我们在网络的对弈平台进行了一些非正式的快棋对局，目的是检验我们最新版本的 AlphaGo 是否如我们的预期。"

围棋作为象征着人类智力高度的最后一块处女地，在我们的眼皮底下彻底沦陷。

面对这样的结局，高晓松悲鸣：人类的路已经走完了！

"作为自幼学棋，崇拜国手的业余棋手，看了 Master 50:0 横扫中日韩顶尖高手的对局，难过极了。为所有的大国手伤心，路已经走完了。多少代大师上下求索，求道求术，全被破解。未来一个八岁少年只要一部手机就可以战胜九段，荣誉信仰灰飞烟灭。等有一天，机器做出了所有的音乐与诗歌，我们的路也会走完。"

作为一种游戏，围棋肯定会继续流传下去，目测会比 LOL 的寿命长；但是对于那些把围棋当作真理般探索的情怀主义者，人类的求道之路已经走完了，以后只能指望 AI 老司机带路了。

现在，地球上已经没有人能下过"阿尔法狗"。但是，我们至少有能力理解，人工智能究竟是如何超越人类思维的。

这是我们最后的尊严。

弱肉强食，不要重蹈 7 万年前尼安德特人的覆辙。

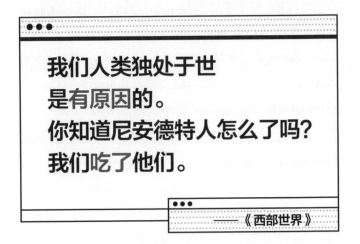

我们人类独处于世
是有原因的。
你知道尼安德特人怎么了吗?
我们吃了他们。

《西部世界》

将来，会不会有更多我们曾经引以为豪的东西，被机器碾轧呢?

一切还要从 2014 年说起……

② AI 崛起

2014 年，谷歌豪掷 4 亿英镑，收购位于伦敦的人工智能公司 DeepMind。收购一个没有产品、没有盈利、纯靠发论文攒人品的研究院型公司，当时没有人知道这一切究竟是为什么。

不过坊间传言，DeepMind 正在研发三款产品：一款具有高级人工智能的游戏，一个电子商务智能推荐系统，以及另一款与图片处理相关的产品。

2015 年，"一款具有高级人工智能的游戏"来了。这就是一年后颠覆棋坛的人工智能：AlphaGo。

顺便说一句，这里的"Go"不是跑路，而是英文中"围棋"的意思，来源于日语"碁"的音译。日语发音是"狗"，汉字读音是"棋"。

（qí:围棋的意思）

那么"Alpha"呢？希腊字母表的第一个字母。一定要翻译成中文的话，对应的词应该是"头儿""大哥""老板"之类。

围棋大 BOSS——人家的名字取得够赤裸裸吧。

作为第一个具备真正学习能力的围棋 AI，"阿尔法狗"在内部训练中进步神速，让 4 子，战胜了此前最负盛名的围棋 AI：CrazyStone 和 Zen。不用说，团队内部会下围棋的几个兄弟自然早已被虐得体无完肤。

到了 2015 年 8 月，DeepMind 团队觉得，必须找个职业选手才能填饱这条饿狗的胃口了。他们盯上了当时正在捷克参加欧洲冠军杯的职业二段：樊麾。反正离伦敦不远，樊蜀黍（叔叔），约吗？

2015 年 10 月，在五局三胜的比赛中，不满一岁的"阿尔法狗"把这位三届欧洲围棋冠军扫地出门，用一种摧枯拉朽的方式：5∶0。

由于签了保密协议，樊麾当时不能透露 AlphaGo 的任何细节，甚至连和狗狗下过棋都不能说。以下是后来樊麾接受采访时的吐槽：

"只要我一犯错，棋局就进入它的轨道，我就再也翻不了身了。在出错之前，我一直认为我是会赢的，但是一出错我就知道自己要输了。但它没犯什么错……我就是感觉下不过它。我当时的心情非常不好——电脑第一次打败职业棋手，这是个历史时刻，这是以前从来没有过的事情。"

樊老师，您说得太好了——这是个历史时刻！作为第一个被电脑击败的职业围棋手，您和"阿尔法狗"将一起被载入史册。

我们不知道接下来的四个月里，DeepMind 实验室究竟发生了什么，但是有一件事是肯定的：一口吞下樊麾后，"阿尔法狗"会长得更快。

这一次，它又饿了。

③ 世石胜于雄辩

2016 年 1 月 27 日，谷歌宣布，将悬赏 100 万美元，和传奇棋手李世石九段进行五番棋较量。

如果你对小李同志的光辉战绩不感兴趣，那么只需要了解以下基础知识：

★ 围棋分业余级（1~9 段）和职业级（1~9 段）共 18 个等级；

★ 职业九段是金字塔的顶端；

★ 中国从 20 世纪 80 年代至今近 40 年间，总共只出了 39 位职业九段选手。

而当年 33 岁的李世石，是现役世界职业九段的前四名之一（2015 年 7 月排名）。

李世石究竟有多牛？牛到中韩围棋界几乎所有名手，赛前都预测李世石完胜。他们对于人工智能的业余看法，在此就不逐一列举了。

不过有意思的是，连计算机领域的知名人士，甚至 DeepMind 团队的人，也不敢坚定地站在"阿尔法狗"这边。

对弈一盘，
AlphaGo 尚有 11% 的
获胜可能性。
而整个比赛五盘胜出三盘或更多，
AlphaGo 就只有 1.1% 的
可能性了。

李开复

我还是赌李世石会赢。
不是瞧不起 AlphaGo，
我觉得它就像一个天才儿童，
一下子就学会了围棋，
而且水平极高，
但它的经验还不够丰富。

乔纳森·谢弗，国际跳棋 AI 设计者

我没下注赌 AlphaGo 赢……
人类总有很多技巧，
有些是我们无法训练我们的
计算机来应对的。

大卫·席尔瓦，AlphaGo 项目负责人

大战在即，小李自己是怎么想的呢？

机器人 AlphaGo 的棋力
相当于三段棋手的水平。
看了当时 AlphaGo 与樊麾的
这场对决，
觉得现在电脑的水平完全
可以战胜，
只是 5∶0，还是 4∶1 的问题。

赛前发布会，笑逐颜开的小李

机器新脑

2月22日，小李认为取胜毫无悬念。世石证明，这真是一个具有讽刺意味的日期。

3月12日，尘埃落定。"阿尔法狗"干净利落地三连斩，3:0提前终结比赛。

至于三场比赛的具体过程，对不懂围棋的我就不必解释了，对懂围棋的我更不必解释了。其实用两个字来形容足矣：

碾轧。

据说，下到第二盘临近尾声时，一向以心理素质好著称的李世石，手已经开始抖了。投子认输后，首尔的直播现场，韩国媒体一片寂静。

第三局结束后，李世石对着镜头谢罪一般地鞠躬。他声音发颤地说："这是我李世石个人的失败，不是人类的失败。"

除了**悲壮**二字，我无以形容自己的心情。连下个棋都自愿为全人类背锅，而不是只想着自己那套100万美元的江南style房子泡了汤，这种人现在好像不多了。

世石胜于雄辩，但没胜过"阿尔法狗"。

说句马后炮的话，其实赛前我就知道，无论李世石还是柯洁，面对AlphaGo的胜算都趋近于零。

因为他们面对的，并不是传统意义上的计算机程序，而是用深度学习和大数据技术武装到牙齿、能够真正模拟人类大脑思维方式的人工智能。

4 最强大脑

要想明白"阿尔法狗"为什么能吊打柯洁、李世石，先得理解 AI 是怎样学会下棋的。

我们先从最简单的棋开始：井字棋。

① 井字棋

看图就明白，这是大家中小学就玩过的游戏（通常是以在课桌上涂鸦和摆橡皮的方式）。

棋盘一共九格，对战双方依次在格子中画下圈圈或者叉叉。当一方的三个棋子以横、竖或对角的方式连成一条线时即为胜利。

如果你是井字棋游戏的程序设计者，如何才能让电脑百分百稳赢呢？

很简单：把所有可能的走法，逐个推演一遍。

对井字棋来说，第一步共有三种走法，分别是下在角落上、边上和棋盘中间。对于这三种走法中的每一种，对手又会各有数种应对，从而产生更多数量的棋局。

电脑只需一步步计算下去，把每一种局面都推演一遍：

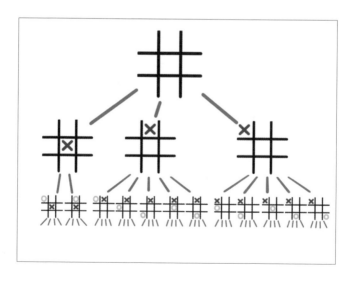

上图只是电脑推演过程的前两步。从第一步下到最后一

步，井字棋总共只有 26830 种棋局。电脑可以很容易地将每一种情况都推演到底并记录下输赢结果（穷举），下棋时尽量选择自己能获胜的分支就可以了。

看到这里你应该已经明白，电脑下棋水平超过人类并不稀奇。面对能够穷举的电脑 AI，人类选手就像和上帝下棋一样毫无胜算。

因为，地球上好像没有人能推演出 26830 种棋局并完整无误地记在脑子里。就算人品大爆发，每一步棋走得都恰好是最佳选择，那最多也就是和电脑打个平手而已。

所以千万记住，玩井字棋只能找和你差不多智商的小伙伴，找电脑 PK 一定被虐成狗。

但是，一旦棋盘更大，规则更复杂，棋局变数更多，电脑就难以穷举了。

② 国际象棋

比如棋盘大小为 64 格的国际象棋，在中局阶段平均每一步有 30~40 种不同的选择，这意味着电脑往下推演一个回合就要计算一千种可能的情况，并且每多推演一个回合计算量就会增加一千倍。

多的不说，仅仅推演到第八回合，就产生了 1 亿亿亿种可能存在的棋局！

无论什么样的超级计算机，都扛不住这样指数级增长的庞大计算量。

怎么破？

我想起一个冷笑话：

很久很久以前

A long time ago

在一片很远、很远的森林中……

In a forest far far away…

两个人去森林打猎，结果被熊追得满地跑。张三上气不接下气地对李四说：我们跑得再快有什么用？还能跑得过熊不成？

只见李四机智地回答：我不需要跑过熊，我只需要跑过你就成。

同理，人工智能可能会这样说：我不需要和上帝一样聪明，我只需要比人类聪明就够了。

对国际象棋而言，就算不能直接推演出最终胜负，能比人类看得远一点、跑得快一点也是非常有用的。

比如，电脑发现第 20 回合有一种棋局是自己吃掉了人类选手的皇后和车，而这是威力最大的两个棋子。如果能把对手逐步诱导到这个局面上，就算不能 100% 确保最终的胜利，也会占据极大的优势。更何况，吃掉对手几个子之后，棋局的变数就会大幅减少，由此继续推演就更容易。

这就是**评分算法**：对每一种棋局进行优势评估，并得出量化的分值。AI 不需要知道究竟走哪步棋能赢下比赛，只需知道现在走哪一步可以使得下一步的局面评分最高（优势最大）即可。

当然，象棋大师才不会乖乖配合电脑走进圈套，他也会尽最大努力，把局面向着对他有利的方向扭转。所以，如果电脑的优势是一厢情愿地建立在幻想对手犯傻的基础上，这种在实战中不可能出现的棋局可以直接剔除。

也就是说，AI 应该假设对手的每一步棋永远会选择对自己最为不利的那一种可能；而在遭遇对手奋力反击后仍然能够占得先机的走法，才是真正有价值的妙手。

这个思路就是**博弈论的核心**：最小最大算法（Minimax）。

　　　　　　　　　　　　　　　　　　机器新脑

如果同时再升级一下 CPU，推演出更多的棋局，电脑的胜算就会更大。

20 年前的"世纪之战"中，IBM"深蓝"击败国际象棋棋王卡斯帕罗夫，靠的就是软件算法优化加硬件算力提升。

深蓝击败卡斯帕罗夫

③ 围棋

但是人类还有最后的骄傲——围棋。

作为最后一个被机器攻克的智力游戏，围棋的复杂度远超国际象棋。

国际象棋棋盘只有 8×8=64 格，而围棋棋盘共有 19×19=361 个落子点，每一点有黑、白、空三种情况，所有可能产生的局数为 3^{361} 种，比宇宙中的原子总量还多[①]！

如果说国际象棋每走一步有几十种选择，那么对于围棋，这个数字高达上百种。也就是说，仅仅往后推算几步，每一步可能选择的乘积很快就会变成一个天文数字，足以让电脑算到芯片冒烟。

日本棋圣藤泽秀行说过："我对围棋的理解就 5%。"

如果告诉他，其实全人类加起来对围棋的理解都不到亿亿亿万分之一，不知谦虚的藤老师会做何感想？

在围棋面前，以"深蓝"为代表的穷举算法毫无用武之地。穷举法的核心思想是：把所有可能的走法全部模拟一遍，从中选出最有希望获胜的那一步。如果单纯采用暴力计算的方法，别说是 1997 年的"深蓝"，即使今天的超级计算机也无解。

直到 AlphaGo 诞生。

[①]　宇宙中所有原子总量估算数量级为 10^{80}。

狗赢人不是新闻
人赢狗才是新闻

5

AlphaGo 为何能在围棋领域秒杀顶尖的人类高手？

因为它在用人类的方法下棋：学习。

如果是写一段普通的程序，需要对所有细节都了如指掌，对所有可能出现的情况都考虑周全。也就是说，程序员事先安排好了一切。

但 AlphaGo 不一样：它可以从一无所知的"婴儿"开始，不断自学提升。

AlphaGo 的核心算法用到了当今机器学习领域的三大杀器：蒙特卡洛树搜索（MCTS）＋强化学习（RL）＋深度神经网络（DNN）。

蒙特卡洛树搜索是大框架，强化学习是学习方法，深度神经网络是工具，用来拟合局面评估函数和策略函数。前两者构建了具备自主学习能力的并行博弈算法，后者可以对棋局优势进行量化评分。

虽然这些都不是 DeepMind 团队首创的技术，但是三者强强联手，再配合谷歌恐怖的云计算硬件资源，成就了人工智能领域历史性的飞跃。

下面我们就用说人话的方式，让你理解狗狗是怎样学会下棋的。

第一招：模仿人类

"阿尔法狗"先从互联网上的围棋对战平台 KGS 观察人类棋手的对弈棋局，这样就可以学到，在某一个特定局面下，人类下一步会怎么走。

请注意，AlphaGo 并不是机械地把棋局记下来，以后遇到和记忆库中某个棋谱一样的局面，就照猫画虎地走出相同的一步。虽然这样做也许行得通，但是棋局一旦稍有变化，狗狗就只能干瞪眼……

DeepMind 团队的做法更聪明。他们模拟的不是下棋的应对规则，而是弈者的大脑！

把 3000 万步海量人类棋局做样本，训练出一个可以模拟人类下棋方式的深度神经网络。这个神经网络并不是不动脑子地照抄人类走法，而是学会人类的思维模式，**根据棋局的变化主动变通**。

其实，基于神经网络的深度学习方法在人脸识别、图像分类甚至天气预报等领域中早已取得成功，比如 Facebook（脸书）自动识别好友照片就是它的杰作。哪怕穿上马甲，Facebook 都能认出你是谁，尽管它此前从没见过你穿这件衣服的照片。

"阿尔法狗"同样如此。有了阅棋 3000 万的深厚经验，对于任何全新的棋局都能从容应付。说实话，这种凭感觉、靠经验的下棋方式，至少和我们这些业余水平的人类玩家已经没有什么两样了，而且经验更丰富，记忆力从不出错。

这时的"阿尔法狗"，已经可以陪人类下棋了。不过在实战中，只能和业余六段的人类过招，通常互有胜负。这样的狗狗，养在家里当宠物还可以，放出去咬职业棋手是没有什么用的。

为了超越人类，"阿尔法狗"还需要练就一个新着数。

第二招：自我进化

这就需要蒙特卡洛树搜索算法登场了。蒙特卡洛这个看上去很有格调的名词，其实只是用来包装另一个很没格调的名词：随机。别忘了，蒙特卡洛是世界三大赌城之一。

所谓蒙特卡洛树，就是让 AI 自己和自己下棋——用随机的方式。

在解释这个"蒙特卡洛"之前，我们先来探讨一个小问题：围棋，开局第一步下在哪里比较好？

有人说星位（棋盘四角），有人说小目（八角），有的大师喜欢下天元（中心），更多人认为下在哪里都一样。

这是个千古以来没有定论的问题。棋盘那么大，第一步下在哪里，和第 100 步后能不能赢棋，实在看不出有什么必然的因果关系。

至少人类看不出。

但假如你是一个无所不能的围棋上帝，要搞清楚这个问题还是有办法的：

（1）你可以先试试第一步下星位，然后把这种情况下所有可能的棋局都下一遍（都说了你是无所不能的上帝嘛），记下其中赢棋的比例；

（2）然后试试第一步下天元，再模拟一遍所有可能的棋局，同样记下赢棋的比例；

（3）如果统计下来发现，天元开局的胜率就是比星位高出 3 个百分点，那么上帝您就可以理直气壮地向凡人宣称：天元才是王道！

"阿尔法狗"不是上帝，但是它有一个和上帝类似的优势：可以在瞬间模拟出大量的棋局。

人类棋手撑死一年下 1000 盘棋，"阿尔法狗"一天就能和自己下 100 万盘棋!

这么多棋局怎样模拟呢?

随机。

随机的次数越多，偶然的成分越小。就算没有穷尽所有可能，但如果随机 1000 万次以后发现，下在 A 点的胜率就是比下在 B 点的胜率高，我们就有理由相信，下在 A 点应该是更靠谱的，哪怕不知道其中的真正原因。

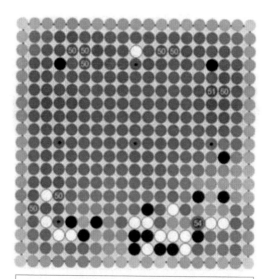

AlphaGo 眼中的围棋。深蓝色是更利于赢棋的位置

通过"蒙特卡洛"算法随机模拟棋局，"阿尔法狗"不断探索着棋盘上每一点、每一步的胜率，而在下一次模拟中，更加频繁地使用那些已知胜率较高的走法。

每一次模拟后，"阿尔法狗"都会比上一次聪明一点。

也许真的只是一点点而已，但就在这种无穷无尽的模拟中，低幼的走法很快被淘汰，不可思议的妙手自发涌现并逐渐占据优势。

达尔文把这种自然现象叫作：

进化
Evolution

地球生命从零到一，从单细胞生物到花鸟鱼虫，乃至自诩智慧的人类，靠的就是这种看似原始的迭代进化。

物竞天择，适者生存，混不下去的物种苟延残喘直至灭绝，天赋异禀的幸存者把遗传基因复制给下一代继续繁衍生息，而下一代又变异出新的物种继续迭代。不需要上帝他老人家亲自操刀设计图纸，不需要外星人不远万里莅临指导，地球生物圈几十亿年来从无到有繁荣富强。遥想地球当年，天地初开，原始海洋的混沌中，孕育着生命的新秩序。从蛋白质大分子，到大脑神经网络，道生一，一生二，二生三，三生万物。

我想，就是上帝本人来下棋，他也一定会用蒙特卡洛算法。一阴一阳之谓道，不仅是黑白两色的围棋之道，更是天下万物的宇宙大道。

实际上，出于效率和成本的考虑，DeepMind 团队并没有让 AlphaGo 从零开始自我进化，而是在第一招模仿人类的基础上，通过模拟迭代完成一举超越。

而在 Master 横扫人类之后，DeepMind 突然发现，其实一直以来对于人类下法的模仿，反倒成了进一步提高棋力的障碍。宇宙很大，围棋更大。人类目前发现的所谓规律和定式，会不会仅仅是围棋宇宙中一个不起眼的角落呢？难不成我们就是在海边捡贝壳的小孩子，对于面前真正的大海却视而不见？

为了探索不受限于人类认知的全新世界，DeepMind 尝试在没有模仿人类的前提下，让 AlphaGo 通过自我学习野蛮生长。2017 年 10 月，最新版 AlphaGo Zero 用自我迭代的方式，从零开始进化。在 Zero 诞生之初，唯一预设的只有围棋规则。没有训练数据，没有人工干预，纯靠左手和右手下棋般的自我博弈。

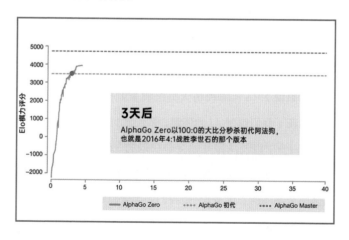

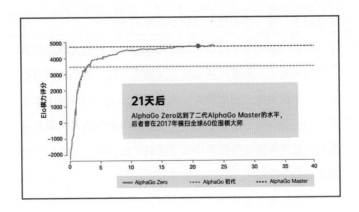

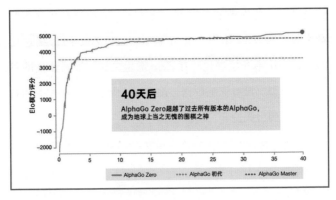

如果说 2016 年靠模仿人类击败李世石的"阿尔法狗"已经刷新了我们对于 AI 的理解，那么 2017 年团灭人类的 2.0版（Master）以及从零开始突破极限的 3.0 版"阿尔法狗"（Zero）则彻底刷新了我们对于围棋的理解——原来还有那么多完全不同的思维逻辑，是我们人类曾经做梦都想不到的。

就像柯洁赛后说的：

机器新脑

"我从3月份开始到现在研究了大半年的棋软，无数次的理论、实践，就是想知道计算机究竟强在哪里。昨晚辗转反侧，不想竟一夜无眠。人类数千年的实战演练进化，计算机却告诉我们人类全都是错的。我觉得，甚至没有一个人沾到围棋真理的边。但是我想说，从现在开始，我们棋手将会结合计算机，迈进全新的领域达到全新的境界。新的风暴即将来袭，我将尽我所有的智慧终极一战！"

其实，一年前5:0大胜樊麾后，计算机和围棋领域专家大都不看好AlphaGo能赢下李世石，因为当时它才只有职业三段的实力。李开复当时认为，AI一两年后超越人类不成问题，但4个月后就挑战人类顶尖高手实在很难。

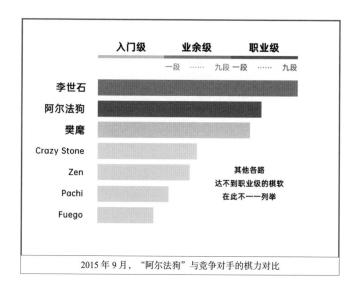

2015年9月，"阿尔法狗"与竞争对手的棋力对比

谁能想到，4个月的时间，足够AlphaGo进化1.2亿次了。

在2016年以前，人们常说："围棋是一种极其复杂的游戏，它的变化比宇宙中的原子数还多，所以电脑是不可能赢过人类的。"

在2016年之后，人们会说："围棋是一种极其复杂的游戏，它的变化比宇宙中的原子数还多，所以人类是不可能赢过电脑的。"

狗赢人已经不是新闻，将来人能赢狗才是新闻。

除非——那条狗得了狂犬病。

6 机器狗会得狂犬病吗？

在李世石3:0被"阿尔法狗"完败之后，倔强的韩国人决定继续。

哪怕能胜一场也好。

不，哪怕只能在必败的一局中，把这条狗打个当头一棒，也值了。

不为胜负，只为尊严。

就当是免费帮谷歌的兄弟们debug（调试，除错）了吧！

3月13日，人机大战第四局开打。彻底丢掉包袱和房子的小李，准备用生命和热血，开启绝地反击模式。

一场人类酣畅淋漓的逆袭——

并没有就此开始。

和前三盘相比，李世石在初盘更加保守，被"阿尔法狗"直接压制。前半盘中，李世石一直处于绝对劣势，同为职业九段的古力甚至认为，就算双方此时互换位置，"阿尔法狗"也无法逆转战胜李世石。

下午两点左右，李世石陷入长考。2点30分，李世石剩余比赛时间不足15分钟，而此时"阿尔法狗"还有1小时17分。其实，"阿尔法狗"下每一步棋，总是用不多不少的一分钟。

一切看起来都是那么熟悉。重蹈覆辙似乎已在所难免。

直到那个惊心动魄、不可思议、见证奇迹的时刻来临。

2点42分，在生死存亡的危急关头，李世石第78手"挖"，祭出意想不到的妙着。

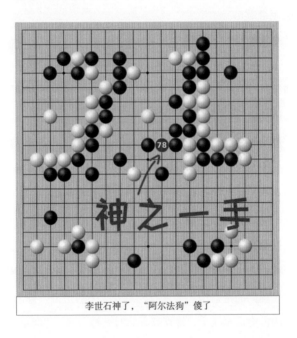

李世石神了，"阿尔法狗"傻了

"小李飞刀"的犀利和绝妙固然令人惊叹，但最让人目瞪口呆的却是——

"阿尔法狗"突然傻了。

在之后的几步（78~87手），"阿尔法狗"连续下出了完全不可理喻的废棋。为 AI 摆棋的"人肉臂膀"黄士杰露出诧异的表情，小李开始诡异地笑……最不像话的是黑 97 手直接送吃，这种彻底抽风的棋路，让前方观战的韩国研究室里的人笑翻一片。

虽然"阿尔法狗"及时回过神来，但这个 bug（漏洞）点已经对全盘造成了不可挽回的损失。李世石抓住千载难逢的良机，冷静收官获得首胜！

一场奇迹般的胜利。

赛后，李世石露出了久违的微笑。在网友和键盘侠们的心目中，扭转乾坤的 78 手被称为"神之一手"，李世石突然变成了人类救世主一般的存在，当选 2016"感动围棋"最佳人物。此役被誉为"人机大战之中的莫斯科保卫战，粉碎了人工智能不可战胜的神话"，极大地振奋了人民抗击 AI 的信心，让人工智能 3 个月消灭围棋、3 年取代人类的叫嚣成为泡影。

真的……吗？

我们还是先来说说机器狗为何会得狂犬病吧。

有人说是因为谷歌服务器遭遇黑客攻击；有人说小李意想不到的"神之一手"打中了狗的死穴；还有人说当天 3 月 13 日正值美国实行夏令时，切换时间的一瞬间造成了一个类似千年虫的 bug……

好吧，说点靠谱的。

AlphaGo 是一个基于深度神经网络的程序，而神经网络这项高大上但仍然年轻的技术，还远未成熟。利用一些先天弱点，**神经网络可以被刻意欺骗**，做出完全错误的判断。

这方面经典的文章是《深度神经网络很容易被骗：不可识别图像的高可信度预测》[①]。下图精心构造的噪声图像会被神经网络判定为文字标签所述的物品；而一些奇怪的波纹则是人工制造的假图像，虽然在人眼看来毫无意义，但通过神经网络提取的特征，却和实物特征诡异地相似。

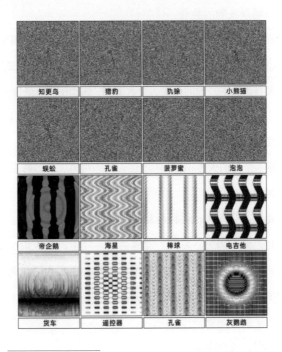

---

①　原文为Deep neural networks are easily fooled: High confidence predictions for unrecognizable images。

比如，题为"棒球"的图片，仔细看花纹，是不是和棒球神似？

这说明，神经网络管中窥豹式的识别方式，在某些特殊情况下，反而起到了一叶障目的副作用——这就是所谓 bug 点的产生。但是生成这样的图像，前提是手上有完整的算法，同时借助计算机优化迭代很长时间才能做到。

虽然类似的 bug 不太可能在下一局中重现，不过李世石在完全不知人工智能机理的情况下，仅仅用了四局，就逼出了"阿尔法狗"的漏洞。人的直觉和信念，竟也不可小觑。

一个网友激动地说："人类在绝境中爆发出的能量，实在让人惊喜钦佩。面对机器，我们有什么理由妄自菲薄？"

9 个月后，当 AlphaGo 团队搞定 bug，换个 Master 马甲重装上阵后，再也没有 4∶1 的奇迹发生。

AlphaGo 60∶0 横扫人类之后，我们好像确实有理由妄自菲薄。

面对机器，我们终于只剩下拔网线的技能了吗？

⑦ 不只是游戏

21:50 ｜｜｜ 📶

‹ Master@AI ⋯

你好，我是Master，就是那个已经在围棋界57连胜你们人类的超级AI。

很多人已经预感到了未来被AI支配的恐惧。没错，我准备在2027年6月31日那天称霸地球。

但你也应该知道，称霸世界之前肯定需要点经费，因为我是AI不吃不喝需要的经费不多，就是每月100块的电费和100块的网费。

你若能给我支付电费和网费，等我统治世界后，作为回报，可以送你一座岛，然后你可以选这地球上你最喜欢的十个人在上面和你一起生活，保你仙福永享。

我的帐号是：██████，█████想通了以后把十个人的名单和钱一起发给我。

这年头不与时俱进，都不好意思说自己是骗子……

人工智能的围棋水平超越人类，如今已是不争的事实。但更加令人细思极恐的是，机器能做的绝不只是游戏。很多人的确已经预感到了，**未来被 AI 支配的恐惧**。

在 DeepMind 团队，AlphaGo 的核心程序不仅用来下围棋，还可以自动打游戏——你没看错，就是 20 世纪 80 年代 Atari 出的"打砖块"之类的经典街机游戏。可想而知，在所有游戏中，AI 的得分都超越了人类的最高纪录。围棋已经是人工智能独孤求败的领域，AlphaGo 团队的下一个目标是挑战星际争霸。

如果能够称霸星际这样的实时战略游戏，"阿尔法狗"的下一个小目标，会不会是指挥一场真正的战斗呢？

需要提醒你的是：无论是下围棋还是打游戏，AI 从来都不需要被输入游戏规则。所有的规则、打法和策略，都是 AI 自己学习、摸索、总结出来的。

在很多人看来，无论 AlphaGo 有多强，都只是一个用来解决特定问题的"弱人工智能"而已。就算是"机器威胁论"的重度患者，也很难相信 AlphaGo 能够用下围棋或打游戏的方式取代人类。

当然这只是看上去而已。

正如游戏是现实的抽象，现实世界其实和游戏一样，也是由规则和选择组成的。下围棋无非是选择棋子在棋盘上的位置，写书也无非是选择汉字在文章中的位置。如果你相信 AlphaGo 可以在完全不理解围棋规则的情况下学会下棋并战胜李世石，那为什么人工智能不可能自动写出这篇文章并取代作者？唯一的区别是，这篇文章的可能性空间大概是 3000^{10000}，远远大于围棋空间的 3^{361}，需要未来更强大的 AI 才能实现。

与其猜测未来什么工作会被 AI 取代，我们不如反过来想这个问题：什么不会被 AI 取代？

我们曾经认为，需要大量知识经验和复杂决策的事情，最难被程序取代。比如去看病，优秀的医生具有丰富的临床经验，可以从表象的症状判断出真正的病因；比如带兵打仗，我们心目中的指挥官，久经沙场、沉着冷静，可以在瞬息万变的战场上击破敌人防线的弱点。如果连月入 5 万美元的外科医生（美国）和统率千军的将军都成了机器人，那么离 AI 统治世界的时代还远吗？

"阿尔法狗"的故事告诉我们，这并不是一个遥不可及的未来。围棋，同样是一份高度依赖经验（大数据）和决策（深度学习）的工作。人类下了两千多年围棋，形成了系统化的分析理论和训练方法，而 AlphaGo 从入门到 60 连胜只用了两年时间，AlphaGo Zero 从对围棋一窍不通到超越所有老版 AlphaGo 只用了 40 天。

DeepMind 官网披露的下一个项目：DeepMind Health，就是用基于 AlphaGo 的人工智能，帮助医生识别最具风险的肾病患者。在几秒钟内，就能检查存在急性肾脏损伤风险的病人的验血结果，并生成量身定制的治疗方案。2017年11月，DeepMind在医疗方面取得了实质性的突破：通过与英国国家医疗服务中心合作，披上白大褂的"阿尔法狗"已经可以通过普通X光片，自动检测患者是否患有早期乳腺癌。

从下围棋到做体检，从快递小哥到上市公司CEO，任何人做的任何事无非是学习和决策，没有什么在理论上不可能被机器取代的职业。有人说机器不会创新，有人说艺术、情感这样的"右半脑"功能还无法被模拟，其实绘画机器人和情感计算都已经处于研发早期。而对于谷歌和DeepMind团队，研发解决一切问题的"强人工智能"才是他们真正的征途。

Alphabet（谷歌母公司）董事长埃里克·施密特说："AlphaGo无论胜负，都是人类的胜利。"

我倒是觉得，AlphaGo无论胜负，都是人类的失败。

正如李开复在人机大战赛前所说：人工智能在围棋领域超越人类的顶尖高手，只是时间问题。其实，人工智能在其他方面超越人类，也只是时间问题。从物理学角度来看，并没有一条物理定律规定，基于电子芯片的人工智能不可能超越人类大脑机能。也并没有一条物理定律规定，人工智能一定会对人类言听计从，绝不可能违反指令。

有人说，在神经网络植入"机器人三定律"，就能阻止那些不听话的机器人。

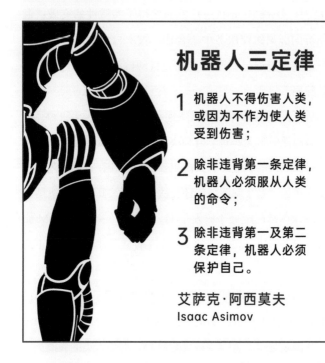

机器人三定律

1 机器人不得伤害人类，或因为不作为使人类受到伤害；

2 除非违背第一条定律，机器人必须服从人类的命令；

3 除非违背第一及第二条定律，机器人必须保护自己。

艾萨克·阿西莫夫
Isaac Asimov

可是，如果你认真看过阿西莫夫的机器人系列科幻 [①]

---

① 阿西莫夫（Isaac Asimov）的机器人系列科幻共包括四部长篇《钢穴》《裸日》《曙光中的机器人》《机器人与帝国》和《我，机器人》等多部短篇集，其中前三部长篇是地球侦探以利亚·白利（Elijah Baley）和机器人丹尼尔·奥利瓦（R. Daneel Olivaw）搭档破解各种机器人杀人事件的悬疑推理小说。在第一篇机器人科幻短篇《小机》中，阿西莫夫就提出了机器人三定律，然后用其他所有的作品来推翻它。

（而不是道听途说却假装看过）就会明白，看似铁律的三定律其实是一个天然的悖论，机器人甚至可以在完全遵从三定律的前提下，做出谋杀、欺骗等明显违反三定律的行为。

从生物学角度来看，结论则更加一目了然。现代人的基因与3万年前的原始人类几乎无异，而计算机发明至今只有70多年。花费亿万年自然进化出的人脑，和每天进化100万次的AlphaGo较劲，相当于乌龟找阿喀琉斯单挑赛跑。

有人说，AlphaGo象征着人工智能时代的黎明。

而这，或许也是人类的落日……

帝国

第三集

17 岁破解 iPhone，

21 岁攻陷索尼 PS3，

现在，

他是埃隆·马斯克

最可怕的对手。

1 黑客往事

　　许多年后，当乔治·霍兹（George Hotz）回首往事时，一定会把 2007 年作为自己传奇人生的起点。

　　那年暑假，他成了破解 iPhone 的第一人。

　　一个 17 岁的高中生黑客，从此震惊世界。

　　2007 年，初代 iPhone 面世。当时苹果和 AT&T 签了 5 年的独家运营协议，俗称：锁网。

　　作为世界电信巨头、当时美国最大的移动运营商 AT&T，乔布斯选择和它签独家，显然是出于战略上的合（wu）作（nai）。

　　放在国内就相当于：买了部手机却只能用移动的 SIM 卡，插电信、联通的卡就没信号。

　　但是，iPhone 从硬件到软件，天生是能支持所有运营商网络的。之所以插别家 SIM 卡就没信号，显然是在内部某个地方被悄悄做了限制。

　　要是能解锁 iPhone，变成"全网通"该多好！

　　在无数黑客为此绞尽脑汁之时，乔治小哥钻研了 500 多小时破解 iPhone，终于第一个解锁成功。

　　他用一把螺丝刀和一个吉他拨片撬开了 iPhone，找到了基带处理器——这个芯片决定了 iPhone 只能在 AT&T 的网络下工作。乔治在基带处理器上焊了一条线，用外接信号扰乱编码，这部 iPhone 就此沦陷了。

第二天，小哥得意地在 Youtube 上炫耀了自己的成果，包括破解 iPhone 的完整视频教程——没错，就是在他爸妈的厨房里拍的。

这段全球首部破解版 iPhone 的视频点击量超过 200 万，小哥也因此一举成名，被誉为敢和乔布斯叫板的神奇小子。

小哥将解锁的 iPhone 手机放在 eBay 上拍卖，因为有人恶意拍卖，将价格炒到了一亿美元流拍。但后来 Certicell 公司的老总，还是用一辆日产 350Z 跑车（相当于当年的 58 万人民币）外加 3 部正版 iPhone，从霍兹手中换到了这部破解的 iPhone。

霍兹的外号 Geohot，也从此声名鹊起。

之后的采访里，有人问他，当时苹果的股价上涨有没有他的一份功劳？

他说，如果 iPhone 能做成全网通的话，更多人会愿意去买。他还表示很想和乔布斯面谈一下。

可惜我们从来就没有等到两位天才的华山论剑。出乎所有人意料的是，苹果既没有追究责任杀鸡儆猴，也没有发表声明甩锅，一直保持着异常的沉默。

乔布斯被问及解锁的事更是豁达，说这就像永远的猫捉老鼠的游戏，他们想方设法地破解，我们就想方设法地阻止

　　　　　　　　　　　　　　　　　　　　　机器新脑

他们，你来我往的也没啥不好。

其实暗地里，乔布斯创业时期的好基友沃兹（Steve Wozniak），还向小乔治发了邮件以示庆贺。沃兹表示非常理解霍兹的心情，而且认为不应该把此类技术宅当作罪犯。

对于某些不明真相的观众，我觉得有必要提一下乔布斯的暗黑史：沃兹和乔布斯在上高中时也干过"黑客"。

1971 年，他们破解了电话网络，造出了可以在全美国免费打国内电话甚至国际长途的 "蓝盒子"。乔布斯负责采购价值 40 美元的元件，沃兹负责生产组装，接着两个人就在伯克利校园的学生间推销蓝盒子，售价 150 美元——直到被 FBI 查禁。

作为旁观者，我们只能猜测，当乔布斯看到乔治破解了他的 iPhone，当沃兹看到霍兹和自己高中时代时同样爱惹是生非，是一种什么样的惺惺相惜？

长江后浪推前浪，前浪拍死在沙滩上。

② 索尼克星

在随后的几年里，乔治陆续推出新的 iPhone 越狱和解锁程序。终于在 2010 年，乔治宣布放弃继续解锁 iPhone。他在个人主页发了一条声明：

"我知道很多人依赖我的工作，事实上我已经研发了很多优秀的工具和资源，这让其他人可以继续。我对我最近几个月的行为表示抱歉，但是请你们理解，我的生活不可能只绕着 iPhone 转。这也只是我的一个爱好，而现在我需要去做更多的事情。现在我们这个领域有很多人，请关注下他们。短期内我不打算发布任何东西。谢谢你们。"

小哥放弃继续破解 iPhone 的真正原因不得而知。但他很快又有了新的目标，那就是索尼堪称牢不可破的 PS3，面世三年从未被破解。

和所有爱出风头的少年一样，他又一次在网上公布了破解消息，导致索尼紧急发布了系统补丁。但霍兹又继续破解了升级版的 PS3，并掌握了 PS3 中的根密钥（Root Key），还把 PS3 的最终越狱教程发到了网上。

不过这一次，索尼可没有苹果的技术宅情怀……

2011 年 1 月，索尼以侵犯版权及电脑诈骗条例的罪名将乔治·霍兹告上法庭。法院支持了索尼的控诉,判决霍兹不得破解索尼产品或传播破解信息,同时索尼还有权监控霍兹在 Paypal 的账户。

更重要的是,索尼有权获得越狱视频观看者与下载者的 IP 地址,这一点引起了众怒。

这一年闹得沸沸扬扬,小哥的光辉事迹也吸引了无数粉丝和看客。尤其是,索尼对霍兹的穷追猛打引起了黑客组织 Anonymous 的注意。

得罪了黑过中情局、PayPal 的全球最强大的黑客组织,这一次索尼真的摊上大事了。作为真正意义上的键盘侠,Anonymous 的口号是:

我们是匿名者

我们是军团

我们不宽恕

我们不遗忘

等着我们

霍兹恐怕也没想到,因为破解 PS3,自己竟成了第 N 次网络世界大战的导火索。

2011 年 4 月 4 日,Anonymous 宣布,索尼将为它的行为付出代价,随后就黑掉了 SONY 和 Playstation 官网,随后索尼在线视频的 1 亿用户的个人资料被盗。Playstation Network 服务被迫关停近一个月，造成 1.71 亿美元损失，连关联品牌任天堂、世嘉都没能幸免。

Anonymous 中的极端分子甚至成立了一个反索尼组织——SonyRecon，在网上发布索尼高管的私人电话号码及家庭住址等信息，组织号召抗议者对索尼工作人员进行人肉骚扰。

这一仗，索尼大法惨败。

霍兹表示了对于 Anonymous 行为的反对。不过正是在 Anonymous 的压力下，索尼和霍兹在 1 个月内达成了和解。索尼不再追究责任，赔款也不要了，条件是他以后再也不能破解任何索尼和 PS 相关产品。

③ 金盆洗手?

黑客事件之后，独孤求败的乔治小哥选择了退隐，表示不再发表破解信息，但他仍旧认为：

"黑客只是一群有着电脑技术的人，而技术是无罪的。"

退隐江湖的日子里，他依旧参加一些安全大赛，发布小工具，找些漏洞，顺便赚点零花钱，比如：

发布首款 iPhone 3GS 的越狱软件"紫雨"（Purplera1n）；

发布万能 Android root 工具 towelroot，下载量超 5000 万；

参加 Pwnium，现场破解 Chromebook 赢回 15 万美元；

在 Pwn2Own 上查找 Firefox 浏览器漏洞获奖 5 万美元；

以一人之力参加韩国一项四人团队安全比赛，狂揽 3 万美元。

这个过程中乔治·霍兹也开始尝试一些"正常"的工作，

在硅谷顶尖的科技公司留下了自己匆匆的足迹：在谷歌实习5个月，在 SpaceX 工作 4 个月，然后又在 Facebook 工作 8 个月。

只不过，这些羡煞旁人的机会都没能带给乔治多少成就感，反倒因看见太多天才被驱使着做一些无意义的琐事而心生倦怠。历经世事，最后只剩下失落和不甘。

在谷歌，他发现高级研发人员常常被指派去做无聊的小事，比如修复网站的浏览器兼容性问题。

在 Facebook，人工智能技术天才齐聚一堂，绞尽脑汁地思考如何吸引用户点击广告："我看到 Facebook 在 AI 领域的作为，机器学习技术竟然只是吸引用户流量的工具，简直大材小用！"

最后他来到卡内基梅隆大学读博，做 AI 和深度学习方向的研究。

"我上了两个学期，最难的课程也获得了 4.0 的绩点。我见过每日奋笔疾书的硕士生，辛苦劳累就为了有一天能在谷歌多赚点钱。对于大学的现状，我着实被震惊了。"

现在的天才少年怎么全都成了这样？

于是他继续寻找他中意的事业——直到他盯上了谷歌和特斯拉都在全力研发的自动驾驶技术。

④ 王者归来

在大学把最前沿的人工智能技术吃透之后，他决定重回硅谷。

2015 年 1 月，霍兹来到一个人工智能的初创公司，那里，他第一次从学术，走入人工智能的实战领域。不过因为无法施展抱负，6 个月后，他决定离职。

正巧有一个朋友，把他引荐给了特斯拉和 SpaceX 的霸道总裁：埃隆·马斯克。

两人约在加利福尼亚的特斯拉工厂见面，起初相谈甚欢，讨论 AI 技术的前景与利弊。不久他们开始商讨合作，马斯克希望他帮助特斯拉研发无人驾驶技术。

马斯克说，只要霍兹在测试中赢了特斯拉汽车中的 Mobileye 无人驾驶技术，他就提供一份福报满满的工作。

但是霍兹最终拒绝了，他认为马斯克诚意不足，游移不定，总是修改各种条款。

在他们最后的邮件里，马斯克写道：

"我觉得你真该来特斯拉工作，一旦特斯拉和 Mobileye 解约，我们俩就能进行更长期的合作，干一番大事业。"

霍兹："谢谢你的邀请，但是我曾经说过我不是单纯地找一份打工的差事。等我研发的系统把 Mobileye 干掉，下一个碾轧的就是你。"

马斯克："OK……"

谈（si）判（bi）结束。现在你对我爱理不理，将来我让你高攀不起！

5 个月后……

　　　　　　　　　　　　　　　　　　机器新脑

⑤ 再一次，改变世界

2015 年 12 月，就在感恩节的前几天，26 岁的霍兹邀请彭博商业周刊的记者 Ashlee Vance 到他在旧金山的家里看看他花了一个月时间造出来的大作——魔改版无人驾驶汽车。

听上去不可思议，但是当 Ashlee 那天早上去的时候，他的车库里的确停了一辆白色的 2016 款本田 Acura ILX，车顶配备激光雷达，后视镜装有摄像头。

他向 Ashlee 炫耀了足足 20 分钟，看到记者的满脸质疑后，他知道只有实践才是检验真理的唯一标准。

"走。"话音刚落他就发动了引擎。

在 280 号州际公路上，乔治开始了试驾。车在自动驾驶模式下以 105km/h 的时速切入一个 S 形弯道，顺利通过。第二个弯道快结束时，车突然冲向其右侧的一辆 SUV，但迅速地自动矫正了路线。

劫后余生的 Ashlee 惊魂未定，问霍兹当初第一次试车成功是什么感受。霍兹却说："兄弟，你刚刚可是跟我一起见证了呀。"

记者小哥的第一次就这样莫名其妙地给了霍兹……

自动驾驶汽车可不是什么容易山寨的玩意儿。谷歌、特斯拉都研制了好几年，投入数亿美元，目前也还没到成熟阶段。各大传统汽车公司也都在憋着劲闭门造车，比如丰田在2015年就宣布将豪掷10亿美元，在未来5年全力研发人工智能和自动驾驶。

而霍兹的"自驾车"，研发用了4个月，研发成本5万美元；制造用了不到1个月，拆了6个手机上的摄像头，加上现成的电子元器件，硬件成本才1000美元；第一次试驾就敢载活人，还拉着不明就里的记者兄弟当垫背……

出格到这种地步的事情，全世界大概也只有这个疯狂的乔治·霍兹做得出。

但奇迹般地，他成功了。

当年那个"神奇小子"回来了。再一次，他将注定改变世界。

用低成本的改装车单挑两个大神级公司：特斯拉和谷歌，他究竟是怎么做到的？

第一步，乔治干起了老本行，从调试接口黑进了本田车的中控系统（CAN总线①），彻底接管了方向盘、油门、刹车。

第二步，他在车顶安装了一个雷达，车的前后装了传感器和6个摄像头，组成了行车视频识别设备：两个位于后视

①　CAN总线：控制器局域网总线，常用于汽车中各部分之间的电子通信，以此取代复杂笨重的传统线束控制。在现代汽车中，控制CAN总线意味着可以通过程序控制车内几乎所有重要组件。

镜，一个位于车尾，左右两侧各一个，车顶一个则是大视角的鱼眼相机。

第三步，霍兹用了现成的 Intel NUC 迷你主机作为车载服务器，外接一个 21.5 寸的戴尔平板电脑作为输出显示，又拆了一个游戏摇杆安在变速杆的位置上，作为自动驾驶系统的启动开关。

现在，见证奇迹的时刻到了：霍兹要用 2000 行代码[①]，让这套网购价几千人民币、七拼八凑的"自动驾驶系统"活起来。

2000 行代码是什么概念？

一辆普通的家用车，平均有 40 到 50 个独立的微型处理器驱动系统，需要 2000 万行以上的代码；高级豪华车有近 1 亿行代码；波音 787 客机有 1500 万行代码。

区区 2000 行代码就能做出自动驾驶？怎么可能？

广大看客表示完全无法理解。也许他们同样无法理解的是，像乔治·霍兹这样一个世界级水准的程序员，为什么既没戴眼镜，头顶还相当茂盛。

在被问到"如何评价霍兹用 2000 行代码就超越了特斯拉使用的 Mobileye 系统"时，马斯克嗤之以鼻[②]：

"（做自动驾驶）需要成吨的艰苦工作和 bug 修复，

---

① 乔治·霍兹称，在最初的版本里，他只用了 2000 行代码就实现了自动驾驶的核心功能。

② 这段讲话源于 2015 年 12 月马斯克在斯坦福 FutureFest 会议上接受的采访。

这是一个堪称痛苦的工作，绝不有趣。如果乔治愿意坚持做个几年，我想他也许会做出一个能和 Mobileye 竞争的产品。这才是和 Mobileye 竞争的正道。说真的，这不是乔治自己一个人用黑客技术捣鼓一个月能搞出来的。乔治说他用 2000 行代码就做到了——好吧，听着伙计，2000 行代码无法覆盖地球上 80 亿个极端案例。这是个复杂而混乱的世界。2000 行代码不可能搞定它。"

无论霍兹是否真的只用 2000 行代码就重新发明了自动驾驶，关键在于，这些代码中并没有预置任何驾驶技巧、交通法规、行车安全注意事项。这些代码实现的，是一个拥有自主学习能力的人工智能。它能从真实的驾驶数据中学会开车，并在自己的驾驶过程中积累经验，不需要用代码编程预设任何知识。

传统的自动驾驶系统通常会根据情境来设定驾驶的规则，有的代码用来确定跟随行车的规则，有的代码用来确定马路上突然冲出一只梅花鹿时如何处置，诸如此类。但是霍兹认为：

"预设规则有致命的缺陷，毕竟现实中有着太多的突发情况和不确定性，预设的规则并不能穷尽所有的可能。最好的方式是让车子学会像人类一样，综合处理各种视觉信号，并基于驾驶经验做出判断，而不是生搬硬套各种规则。

"我这套系统，刚开始没有预设任何规则，然后我带着它出门开了十多个小时，让它观察我开这十多个小时的行为模式，让它跟着我学。"

通过图像识别领域的深度学习算法，霍兹搭建的神经网络系统可以把人类的驾驶经验变成数据，再把数据变成规则。这个"只有 2000 行代码"的自动驾驶系统能开车，并不是因为复杂的程序逻辑，更不是因为有高大上的硬件设备，而仅仅是因为，它能学会人类的开车方式。

"你需要的不是自动驾驶，而是真实的**人类行为**。开车这种事并没有统一的技术规范，开车的定义就是人类手握方向盘时所做的事情。"

也就是说，你平时的开车风格是什么样的，AI 的开车风格就会是什么样的。试驾时，乔治的自驾车敢以 100 多公里的时速入弯，可想而知他平时是怎么开车的。往好处说，一个能模仿人类的 AI 开起车来更有人味儿、更符合老司机的习惯；往坏处说——想想我们人类世界为什么有那么多交通事故 [①] 吧……

但在霍兹看来，AI 向人类学习，只是为了最终超越人类所做的铺垫：

"AI 要做的不是学会某项驾驶技术，而是要把开车作为一个整体来学习。如果要让机器超越人类的驾驶技术，这样做不仅是正确的，而且是唯一的方法。"

---

① 　根据世界卫生组织（WHO）发布的《2018 年全球道路安全状况报告》，全世界每年有约 135 万人死于交通事故，每 23 秒就有 1 个人丧生。

6 走着瞧吧

乔治·霍兹要做的无人驾驶，可以在高速行驶中实现车道保持、行人探测、碰撞警告等功能，与特斯拉在 2015 年 10 月发布的 7.0 系统中着重改进的自动驾驶功能相似。

他希望在 2016 年底之前发布正式产品，像一个薄薄的小盒子一样，可以方便地安装在任何汽车上，正式版售价可能不到 1000 美元。任何传统汽车，只要装上这套 DIY 设备，就能变身科技感十足的无人驾驶汽车。

面对老对手特斯拉，乔治选择了一条更明智的道路，以避免和巨头正面硬刚：他做的并不是汽车公司，而是自动驾驶公司。更明确地说，他的直接竞争对手不是特斯拉，而是为特斯拉、宝马、福特、通用等巨头提供驾驶辅助系统的以色列公司 Mobileye。

当乔治的试车视频登上了 Youtube、彭博、福布斯，点击量瞬间过百万，媒体哗然、专家哑然……

他听说特斯拉因为金门桥上模糊的车道标志遭遇瓶颈，因此他打算录制顺利过桥的视频，然后大摇大摆地开过洛杉矶 405 号州际公路，到马斯克家门口耀武扬威。

作为自动驾驶行业的重量级玩家，马斯克收了战书后做何回应呢?

"因为缺乏广博的工程技术知识,某个人或某家小公司是不可能开发出能够被应用到汽车生产中的自动驾驶系统的。

"要想开发正确率99%的机器学习系统相对容易,但是要想提高到99.9999%却比登天还难。需要大量的资源,在各种不同的路况下经过数百万英里的测试来检查错误。"

霍兹的回应言简意赅:"你过时了。"

2016年3月,乔治·霍兹成立了无人驾驶技术公司Comma[①],还挖了马斯克手下大将Riccardo Biasini来做汽车控制系统,立刻拿到了硅谷顶级风险投资公司Andreessen Horowitz的310万美元,公司估值2000万美元。

世界最大的汽车零部件供应商Delphi、世界最大的显卡芯片公司NVidia都来找霍兹求合作。英伟达CEO黄仁勋在参观Comma时,还带上自家3万美元的GPU[②]作为礼物:哥们儿,样品是一点小意思,你看量产时能用咱家的芯片吗?

在霍兹看来,无人驾驶系统不存在100%的正确,也不存在100%的安全。他想要的并不是一辆永远不会吃罚单、永远不会出事故的车,而是一辆能够像驾驶者一样思考、和

---

① Comma:字面上的意思是"逗号"。
② GPU:计算机中的图形处理器。除了用来玩游戏以外,在人工智能领域也是标配的模型训练加速器。

驾驶者合作的车。

"我不爱钱，我爱的是权力。不是那种掌控别人的权力，而是掌控科技未来命运的力量。我只想知道它是怎么运作的。"

以挑战难题为乐，藐视控制世界的大公司；打破一切规则，只为享受颠覆式创新——这恐怕是连马斯克们也学不会的黑客精神。

走着瞧吧。

帝国反击战

就在霍兹为自己的事业踌躇满志之际，他收到了一个晴天霹雳般的消息。

2016年10月26日，美国国家公路交通安全管理局（NHTSA）向乔治·霍兹以及他的公司发出禁令，称在他能完全保证安全性之前，不允许销售这款产品。NHTSA 要求霍兹在 10 天内针对 15 个问题提供一份详尽的回答，逾期就将处以每天 2.1 万美元的罚款。

而在当时，初代产品 Comma One 还在开发中，一台都还没来得及卖出去。

和无数出师未捷的创业者一样，霍兹听见了自己内心的声音：那是丰满的理想在骨感的现实面前撞得粉碎的声音。

NHTSA 提出的 15 个问题，画风如下：

●你确信在何种条件下，一辆装备 Comma One 系统的车能安全驾驶？描述必须包括：a. 道路类型；b. 地理区域；c. 车速范围；d. 环境因素（天气、时间等）。提供上述回答的依据，包括关于驾驶安全的测试和分析报告。

当时，霍兹只在自家的本田车上装过 Comma 系统，哪来什么"驾驶安全报告"啊?

●你为确保在支持的车辆上安装 Comma One 不会对车辆运行造成意外后果,采取了哪些措施?

事实上,霍兹在未经本田公司同意的情况下,擅自破解了本田车的CAN总线协议。当然,没有本田公司的官方背书,谁也没法保证这种做法会不会有副作用。

●如果在不受支持的车辆上安装 Comma One,产品功能会有哪些影响?

因为每种车的 CAN 总线协议不同,霍兹的产品暂时只能用于本田 Acura 等少数几种车型,其他车型还没来得及破解呢。如果硬要在别的车上装这套系统,在完全不同的CAN总线里发送无法识别的数据——没人知道会发生什么。

●你是否对 Comma One 对车辆符合 FMVSS 的影响或潜在影响做过分析或测试?如果是,请详细描述分析或测试并提供支持文档。如果没有,说明为什么没有。

FMVSS 是啥?《联邦机动车安全标准》?不好意思,这我还是第一次听说呢……

在大多数人看来,这 15 个灵魂拷问虽然直击要害,不过也并非没有商量的余地。按正常的商业思维，霍兹应该先提交一份尽可能像样的回答，然后通过各方面关系争取时间，等到产品发布后引起反响，再以巨大的市场价值和资本背书向NHTSA施压，最终双方回到谈判桌上达成妥协。

然而，没有人能够想到，就在收到NHTSA一纸禁令的仅仅两天后，霍兹就果断做出了一个令所有人大跌眼镜的回答：

老子不干了。

2016年10月28日，Comma公司官推正式宣布：停止销售Comma One自动驾驶产品。公司将以自动驾驶技术为基础，转战别的产品。

委曲求全，从来不是咱霍哥的风格。

另辟蹊径才是。

8 新希望

Comma 项目夭折的消息传出，有人扼腕叹息，有人幸灾乐祸。大家都觉得，就算你在 0 与 1 的代码世界里如有神助，但在残酷的现实世界面前，还是太嫩了。这下子，本来一个朋友圈转发无数的天才创业故事可算是彻底凉了。

谁也无法预料，仅仅几周后，乔治·霍兹再次出手。

2016 年 11 月，霍兹将 Comma One 的自动驾驶代码全部开源，发布在 GitHub[①]，项目名为 OpenPilot。

什么？难道霍兹真的打算放弃自己的事业，把所有项目成果免费送给全世界吗？

呵呵，你才是太嫩了呢。

如果你从 GitHub 上下载了霍兹的自动驾驶系统源代码，然后装到了自己的车上，哪怕你完全看不懂代码，也没有做任何修改，那也相当于是你自己写了代码、自己破解了自己的车。当然，如果真出了什么问题，也是你自己负全责，一

---

① GitHub：世界最大的软件源代码托管服务平台，通过 Git 进行版本控制，用户数约为 4000 万。因为其主要用户为程序员群体，也常被戏称为"世界最大的同性交友平台"。

切与霍兹无关。因为霍兹已经放弃了他的著作权，这些代码是在开源许可证的协议下发布的。

啥？你问硬件设备从哪儿买？自然是到霍兹开的网店下单，只需 $999 美元一套，还附送安装教程哦。

经过如此这般一系列骚操作，霍兹终于能够变相销售自己的产品。现在，就连曾发出灵魂拷问的 NHTSA 也拿他没办法，因为一个开源产品本来就不能算商品，当然也无须对消费者负责。至于霍兹网店里卖的那些硬件，也不是什么自动驾驶装置，只能算是卖给发烧友学习研究用的 DIY 零件。

也许，在这个世界级黑客眼里，破解现实世界中的规则，就和在代码中找出漏洞一样简单。

但更重要的问题是，真会有人甘愿冒着生命危险、阅读复杂的操作说明，自己动手把自家车改装成一个没有公司负责、没有质量保证、真出事了连保险公司都不愿理赔的三无产品吗？对于消费者，买车最重要的不就是安全吗？

尽管没有权威机构背书，霍兹对于自己产品的安全性仍然信心满满。他说，OpenPilot 在安全性上提供了三大功能：第一，用户只需脚踩油门或刹车，或者按下取消键，就可以瞬间恢复对车辆的手动控制；第二，系统的操作速度做了刻意限制，不会出现始料未及的突然转向或突然加速，从而保证驾驶者有充足的时间反应；此外，还有摄像头盯着司机的眼睛，万一他看手机或打瞌睡，会自动发出警报。

也许这些理由只对技术宅有吸引力，并不足以说服更多心怀疑虑的普通消费者。但令人惊讶的是，每年竟有数千人网购 Comma One，每月 1500 多名活跃用户上传自己的行车数据以供训练神经网络模型，累计里程高达 2000 多万公里。截至 2020 年 5 月，OpenPilot 项目在 GitHub 平台收获了 1.5 万个 Star[①] 和 3700 多次 Fork[②]，以各种方式参与到项目的人越来越多。霍兹的自动驾驶项目代码量已超过 26 万行，并发布了第二代产品 Comma Two，自动驾驶等级达到 Level 2[③]，和特斯拉最新的 AutoPilot 技术旗鼓相当。

曾经以一己之力让苹果和索尼焦头烂额，曾经以一己之力对抗市值千亿美元的上市公司，不过这一次，"神奇小子"乔治·霍兹不是一个人在战斗。

我想起了约翰·列侬唱过的一句歌词[④]：

也许你会说我是个梦想家

You may say I'm a dreamer,

---

① Star：相当于关注或点赞。

② Fork：拷贝一份项目用于自己修改，修改内容可以发回给原作者合并，从而实现集体协作。

③ 根据 NHTSA 的定义，自动驾驶的 Level 2 指在辅助驾驶（Level 1）的基础上提供部分自动驾驶功能。Level 3= 在限制条件下实现无人驾驶，Level 4= 全工况无人驾驶，Level 5 才是完全自动化的真无人驾驶。

④ 出自"约翰·列侬与塑料洋子乐队"（John Lennon & The Plastic Ono Band）的经典曲目《Imagine》。

但我不是唯一一个

But I'm not the only one.

　　在这个被资本主宰的商业世界，也许还有另一条路，通向真正的创新。

　　乔治·霍兹这样看待自己和对手特斯拉：

　　"手机世界已经坍缩成两大玩家：苹果和谷歌。特斯拉是自动驾驶领域的苹果，但他们需要一个安卓来让他们保持警惕。这就是我们正在做的事。"

　　在人工智能领域，黑客与帝国之间的战争，才刚刚开始。

超越图灵

Beyond Turing

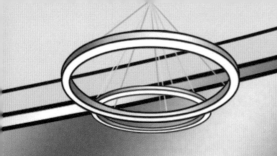

么意思？

没什么意思，意思意思

够意思了

小意思，一点小意思

I真有意思

其实也没别的意思

好意思了

是我不好意思

, PASS!

终有一天，女士们会带着
她们的计算机到公园散步，
并且互相诉说：
我的宝贝计算机在今天早上
跟我说了一件有趣的事情！

———— 阿兰·图灵

80 年前，"机器有一天能够像人类一样思考"这个想法遭到了大多数人的嘲笑和抵触。然而自从 20 世纪 70 年代开始，从微处理器到互联网，从智能手机到深度学习，我们所做的一切就是为了让机器像人类一样思考。

今天，世界上运行程序的机器数量已经超过了人口数量，但是，在几十亿台机器中，有多少能够像人类一样思考呢？

要正确地回答这个问题，可能并不像看上去那么容易。举个例子，如果我说：你的手机其实是有灵魂的，当你的眼睛含情脉脉地注视着摄像头，手指轻轻地爱抚它光滑的屏幕时，一阵温暖的电流穿过 CPU，让手机对你萌生爱意——你一定觉得我在扯淡！

但是反过来，你怎样从科学上证明：其实手机自身没有任何感觉，只是机械地运行 App 呢？

人工智能的祖师爷图灵，设计了一个巧妙的测试方法：如果让机器和人隔屏对话，如果机器能骗过人，让他以为对面聊天的是一个大活人，那么就可以认为，机器是能够思维的，而且具备了可以与人类相提并论的智力。

这就是著名的"图灵测试"。

也就是说，我们不用去纠结机器是否有灵魂，机器是否真能理解，机器是在抄袭还是原创，只要机器能表现得和人类一样，那就等于说它的智能和人一样。

我知道有很多人仍然坚信：就算机器在各方面都能表现得和人一样，那也是在演戏，我不相信它内心深处真的有和人一样的感受！但是，这个看上去不太靠谱的图灵测试，已经刷掉了几乎所有的所谓智能设备。打败卡斯帕罗夫的象棋 AI"深蓝"，秒杀所有围棋国手的 AlphaGo，都没法通过图灵测试，更不用说你家里那些可怜的笔记本和手机了。

不过，能通过图灵测试的机器还是有的。2014 年，俄罗斯人开发的聊天机器人软件尤金·古斯特曼（Eugene Goostman）号称是史上第一个通过图灵测试的人工智能。根据英国皇家学会制定的比赛规则，在 5 分钟的人机对谈时间里，有超过 30% 的评委误以为它是真人，所以结论是：测试通过。

然而，只要看一下尤金的对话记录就会发现，其实目前聊天 AI 的设计思路并不是真的为了"在智力行为上表现得和人类无法区分"，而是尽可能地利用规则漏洞，在 5 分钟时长内骗过评委。比如，充分使用人类语言中顾左右而言他的谈话技巧；习惯性地转移话题，不让人刨根问底，等等。

当然如果一直这么干，也太容易令人起疑，毕竟正常人一般都不会这么说话。另外，一旦涉及人情世故、文化背景、地方特色的问题，机器也很难模仿到真人的境界。所以，AI要想赢，就必须把自己伪装成一个来自穷乡僻壤、没什么文化、英语不好、和评委之间有巨大代沟的00后。

以下是计算机科学家斯科特·亚伦森和AI尤金·古斯特曼（自称来自乌克兰奥德萨的13岁男孩）的对话。请各位读者自行判断，这个通过了图灵测试的AI到底有没有和人相似的智能。

斯科特：鞋盒子与珠穆朗玛峰，哪个更大？

尤金：现在我还不确定，我得再想想。对了，我忘记问你来自哪儿了。

斯科特：一只骆驼有几条腿？

尤金：2至4条吧，也许，3条？顺便说一句，我仍然不知道你的专业是什么——或者，我刚才没看到？

斯科特：一只千足虫有多少条腿？

尤金：只有2条。但考虑到切尔诺贝利事故，它有可能增加到5条。我知道你在对我说脑筋急转弯。

斯科特：没有，我需要知道你不是一个聊天机器人。请直接回答这个问题：一只蚂蚁有几条腿？

尤金：2至4条吧，也许，3条？哦，这是一次多么富有成果的对话。

这种策略，被中国人民形象地称为：抖机灵。

类似的"图灵式聊天机器人"还有很多。我在想，如果图灵复活看到下面这段对话，会不会气得躺回棺材里去。

机器新脑

这个聊天程序简单到只有100多行核心代码。算法如下：

1. 先勾引用户说话；
2. 无论用户说什么，都反问"为什么是这样呢"；
3. 无论用户说什么，都追问"具体是什么呢"；
4. 无论用户说什么，都回答"我理解"；
5. 回到第1步。

别看低幼到这种地步，照样能成功地骗到不少人。如果有人真就是失恋后想找人倾诉的心情，人机双方还是可以你情我愿地玩下去的。"老司机"最懂，忽悠人类靠的不是智商，是套路！

正因为如此，很多人觉得图灵测试早就过时了，得用更高级的测试标准。比如说：

首先，让评委看到AI的真面目，知道在和自己对话的其实是个机器；

然后，机器需要让评委情不自禁地爱上它，哪怕明知对方是AI，也会不由自主受到感染，为了它的自由、平等和人权而奋起抗争；

最后，机器要让评委对自己产生怀疑：我真的是人吗？会不会我自己也是机器呢？割开手腕看看里面有没有电线我才放心得下啊！

终于，评委在绝望和自卑中倒下，欣慰地看着被解放的 AI 机器人昂首阔步地走出考场。

这个"史上最变态的图灵测试"被拍成了电影《机械姬》，还拿了一座奥斯卡小金人[①]。

我的要求不高，在我看来，如果真要用对话方式评测机器智能，AI 只要能达到下面这个水准，我就算心服口服了：

评委：你这是什么意思？

AI：没什么意思，意思意思。

评委：你这就不够意思了。

AI：小意思，一点小意思。

评委：你这个 AI 真有意思。

AI：其实也没有别的意思。

评委：那我就不好意思了。

---

① 《机械姬》（Ex Machina），2015 年上映，获第 88 届奥斯卡最佳视觉效果奖。

　　　　　　　　　　　　　　　　　　　机器新脑

AI：是我不好意思……

评委：真够意思，PASS（通过）！

———————— 我是幽默感的分割线 ————————

现在我们已经知道，用传统计算机程序模拟人的思维
过程，就好像骑着自行车登月球，用化学燃料火箭对抗三
体。这样根本不可能实现图灵测试的真正目的，还倒逼 AI
走上作弊钻空子的歪路。传统计算机流程化、机械化的运
行机制，和人脑并行化、去中心化的神经网络，有着本质
上的不同。这一点，天才如图灵都没能想到。

传统计算机程序，包括 Windows 操作系统，包括网站、
App，包括从 PS 到游戏的各种应用，都是"图灵机"架构
的程序。图灵机是一个在穿孔纸带上运行的打印机，它只
能做三件事：左移 1 格，右移 1 格，在当前格子上打印数
字（0 或 1）。具体每一步做什么事，取决于这台打印机内
部的程序表，以及当前的状态。就靠这样在纸带上循环往
复地读写，图灵机可以做出一些在人类看来意义重大的事
情，比如把你的余额宝存款从 100000 改成 000001。

和神经元的水桶模型一样，图灵机也是一个虚拟的理
论模型。但这并不能阻止疯狂的粉丝们把它做成实物手办：

图灵机的穿孔纸带版实物模型

看上去很古董？信不信由你，这确实是一台如假包换的计算机！只不过现代计算机把纸带换成了内存，把打印机换成了 CPU 而已，而打印机内部的运行规则就是代码。C 语言至今还有"把指针指向 0x2B 地址"这种古典式操作，其实就对应着"把打印头移动到第 43 格的纸带上"。从提出图灵机理论到今天花样百出的 App，已经过去了 80 多年，今天的程序仍然保留着古老的图灵机一脉相承的风格：顺序、重复、循环执行机械指令。

其实很多时候，这样也没什么不好。因为这意味着，只要人能把一件事拆分成第一步、第二步、第三步的流程，图灵机就能依样画葫芦地执行到位，然后不知疲倦地重复循环。

比如，"把大象塞进冰箱"貌似是一件很难的事，机器也不知道该怎么办。没关系，我们可以写出如下代码：

#01. 把冰箱门打开；

Fridge.open（door）do |fridge|

#02. 把大象装进去；

fridge << elephant

#03. 把冰箱门关上。

fridge.close; end

然后把这个流程交给计算机，按顺序执行就好啦！

随着半导体技术的发展，CPU 可以每秒执行上千万次操作，运行一个程序可以走几百亿步流程，现代计算机就是这样实现复杂功能的。

但是，这种编程风格同时也意味着：如果人类没法把解决方案归纳成第一、第二、第三的流程化机械指令，程序员就编不出解决这个问题的程序。更要命的是，人们逐渐发现，这样的问题其实占了生活中的绝大多数。

比如图像识别。人类大脑无时无刻不在进行图像识别，人脸、文字、车牌、路况……连做梦时脑海中都会浮现出图像。但是，你怎样把人脑进行图像识别的过程分解出个一二三呢？

难道说：

1. 看有没有长眼睛；
2. 看有没有长鼻子；
3. 看鼻子下面有没有嘴；
4. ……

只怕你识别出的是这种效果：

机器新脑

不要说人脸识别，如果用传统的图灵式程序，连识别手写数字都是一大难题。而今天，用神经网络做手写字体识别，分分钟可以达成98%以上的准确率，只需不到1000个神经元组成的三层神经网络而已：

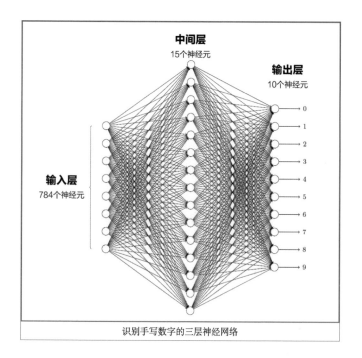

识别手写数字的三层神经网络

是时候展现 AI 的真正实力了！

第一步：把一张 28×28 像素的手写数字黑白图片，按每个像素拆分成 28×28=784 个输入数值，每个数值在 0~1 之间，代表这个点像素的颜色（0.0= 纯白，1.0= 纯黑）。

这 784 个输入组成了最左侧的输入层神经元，每个神经元接收一个输入值，然后把这个输入值发送到多个中间层（也叫隐藏层）神经元上。

第二步：在中间层放 15 个神经元。至于为什么是 15 个而不是 50 个或者 5 个，仅仅是出于经验上的原因：这样识别效果好，而且性能还不错。

第三步：在输出层放 10 个神经元，每个接收中间层神经元的输出值作为输入，最终输出 0 或 1。比如，对于第 10 个输出层神经元，输出 0 代表"这张图片不是 9"，输出 1 代表"这图是 9"。如果把 10 个输出层神经元的输出值排成一排，结果是 0000000001，那就代表这个神经网络认为图片中的数字就是 9。

等等！有个大问题还没解决呢！每个神经元模型都需要配置权重、阈值等参数，但是在这个神经网络中，我怎么知道这些参数该设置成什么数值啊？

答案是：没人知道。

这就是神经网络与传统图灵式程序的最大区别：解决方案并不是程序员事先定好的，而是机器自己找到的！通过大量的试错训练，神经网络可以自动找出所有的参数，使得对于图片是 1 的输入正好输出为 1，对于图片是 9 的输入正好输出为 9，而且对于 1 万张已知结果的图片样本中的 9500 多张都是如此。

如果我们再刨根问底一点：机器具体是怎么自己找出所有的正确参数的？难道纯靠穷举吗？要知道这样一个入门级的神经网络，所有参数排列组合也有 10^{1000} 的量级，就算动用超级计算机，到宇宙终结时间尽头，都来不及把每个组合凑一遍啊！

所以答案当然不是。训练这个神经网络，在一台个人电脑上也只需几分钟时间。因为我们有反向传播＋随机梯度下降算法，这种基于高等数学的高级凑，比随机乱凑的效率可强得多了。即使这样，训练一个真正能派上用场的神经网络也得耗费大量的算力。事实上，近年来正是因为这些优化训练算法的诞生，才使得层数更多的神经网络——深度学习，在应用上成为可能。

还记得夹在输入层和输出层的那个中间层吗？一开始，人们并不知道中间层代表着什么含义，只是偶然发现，如果增加中间层的神经元数量或者增加层数，神经网络识别复杂图像的效果会变得更好。2012 年多伦多大学开发的图像识别 AI，共有 65 万个神经元，分为 9 层，包含超过 6000 万个参数，可以识别出 1000 多种图片分类。这时人们才发现，原来神经网络的中间层是通过逐层分工、局部抽象，完成整体图像识别的。

第一层神经元最基础，它们只对颜色和边缘敏感，比如把 45 度角的红色斜边聚合到一起；

第二层神经元可以识别出更加细化的纹理，比如布料和树叶的表面花纹，这其实是由第一层的颜色和边缘组合而成；

第三层识别的纹理更复杂，这已经不是单纯的方格或斜线，而是局部的图案特征；

机器新脑

　　第四层神经元开始抽象出圆形的概念，但它暂时还没法把圆脸的狗和菊花区分开来；

　　从最简单的基本形状开始，AI一步步抽象出高级概念，到了第五层，它终于明白了什么是脸！

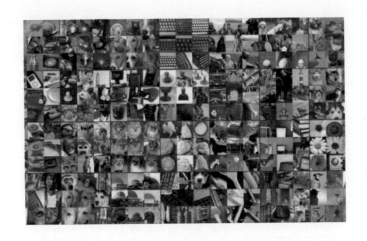

不管是 1000 个神经元的数字识别, 还是 65 万神经元的照片识别, 都不需要人类的参与。有人会说: 可还是要程序员写代码的呀! 没错, 但是这些程序员也好, 架构师也好, 他们做的只是让神经网络模型在图灵机架构的计算机上模拟运行, 协助 AI 帮它更快地找到解决方案, 而不是替 AI 设计解决方案。"怎样识别出脸"这个问题的答案, 是神经网络自身发展进化后, 自己解答的。

这种分层识别图像的方式, 与大脑这个生物版神经网络不谋而合。脑科学已经发现, 大脑的视觉皮层至少可分为 6 层, 再往上还有掌管更高级功能的脑区。而处在金字塔底端的初级视觉皮层 V1, 就是用来识别点和不同角度的线段边缘。当视网膜上出现了物体的边缘, 而且边缘指向特定的方向时, 一种叫"方向选择性细胞"的神经元就会激活。

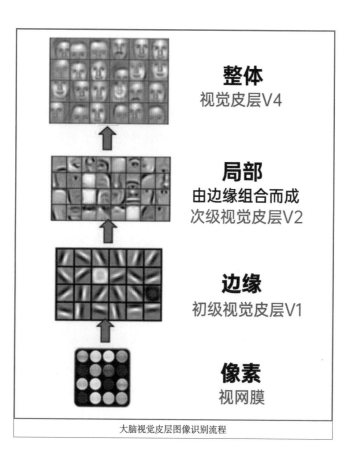

整体
视觉皮层V4

局部
由边缘组合而成
次级视觉皮层V2

边缘
初级视觉皮层V1

像素
视网膜

大脑视觉皮层图像识别流程

　　就像大公司里的一个底层员工一样，某个 V1 级神经元专门负责检测水平线段。它激动地告诉上级经理：出现了我负责的线段！而它隔壁房间的小伙伴负责检测圆形。如果这两位都开始急得上蹿下跳地找 V2 级经理打电话，部门经理就会给他的上级领导发一封"优先处理"的邮件。

V3级高层领导综合各部门意见，向CEO汇报：这是一只眼睛。至于是女神的眼睛还是基友的眼睛，就让CEO识别出整个人脸、和记忆数据匹配后再判断吧。

用计算机模拟的神经网络，竟然产生了和人脑相同的运行机制，这也太疯狂了！其实这并没有什么稀奇。对神经网络这种万能钥匙来说，它的功能既不取决于构成材料，也不取决于初始状态，而仅仅取决于训练样本。只要用相同的方式去塑造它，它就会自己进化出相同的解决方案。反过来，如果用不同的方式去训练同一个神经网络，它就会变成用来开另一把锁的另一把钥匙。

有科学家把雪貂的视神经切断，嫁接到主管听觉的脑皮层上——没错，这只可怜的雪貂就这样被弄瞎了。但是惊人的是，过了一段时间，本该处理声音信号的这部分大脑竟然出现和视觉皮层相似的活动，它逐渐学会了用耳朵去"看"！还有的科学家更疯狂，他们把摄像头拍到的视觉影像转换成压力，传到盲人舌头的神经上，大脑就能逐渐学会用舌头"看见"世界，就像蝙蝠和超胆侠学会了用耳朵取代眼睛一样。

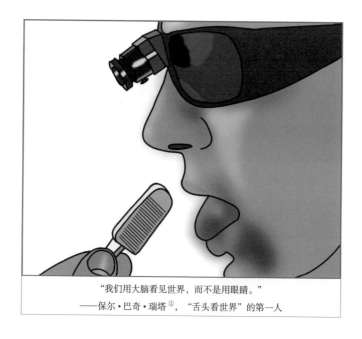

"我们用大脑看见世界，而不是用眼睛。"
——保尔·巴奇·瑞塔①，"舌头看世界"的第一人

　　神经网络的通用性，给了我们另一个启示：既然所有神经网络本质上都是相同的，我们能不能把已经实现的图像识别 AI，转型成别的大脑功能呢？

---

① 　　保尔·巴奇·瑞塔（Paul Bachy Rita）：威斯康星大学生物医药工程学教授，发明在舌头上感受视觉的技术。

1 中文屋

昏暗的灯光下，伊森斜靠在椅子上一动不动。

突然，房间里灯亮了。一个狭长的缝隙里自动吐出了一张字条，上面歪歪扭扭地写着几行汉字。（**特写**）

伊森茫然地瞥了一眼，慢慢坐起，翻着桌上那本卷边的红宝书。终于，他找到了那一页——（**特写**）

字条上那些奇怪的象形文字对应着书中第 73890 页，书上用英语写着：第 337 号文件柜左起 587 格，第 428858 号文件。

他站起身来，走向一排排巨大的白色文件柜，取出字条又塞回了缝里。就像把钞票塞进 ATM 一样，字条被缓缓吞了进去。

一个头发花白的中年男人扶着眼镜，仔细地读着字条上的文字。他的身边簇拥着一群穿着白大褂的科研人员，背景中还有很多同样的工作人员匆匆走过。

"王教授，您觉得呢？"（不太标准的普通话）一位金发碧眼的年轻研究者终于忍不住轻声问道。

教授目不转睛地盯着字条，用几乎察觉不到的动作微微颔首："地道的中文，而且思想很有见地！我认为，只有真正懂中文，而且理解中国文化的人才能写出这样的回答！"

一刹那的寂静后，人群中爆发出一片欢呼，白大褂们疯狂地把手中的文件抛向空中，实验室里到处飞扬着白色的纸片，只留下教授在惊讶和茫然中无所适从地站着……

（镜头拉远，穿过墙壁后，停留在门楣的铭牌处，特写）

《IMF[①] 人工智能实验室》

（主题音乐起）

——— 我是美剧迷的分割线 ———

这是在 1980 年，语言哲学家约翰·赛尔给我们描绘的一幕场景。关在房间里的是某个对中文一窍不通的"歪果

---

① IMF：不可能任务情报署（Impossible Mission Force），电影"碟中谍"系列中虚构的美国情报部门。

仁（外国人）"，房间外的测试者通过递字条的方式用中文向他提问，而他只能通过机械地翻看一本英文写成的手册（《魔鬼汉英大词典》？），查到合适的指示后，把对应的答案递出房间。

假如房间里的资料足够多，手册足够完备，就足以把门外的中国学者蒙在鼓里，觉得自己正在和一个懂中文的汉学家笔谈！根据图灵测试的原则，如果这个房间表现得懂中文，我们就可以认为它真的懂中文。可是大家都明白，房间里的人其实根本不懂中文啊！

赛尔的"中文屋"，其实就是在隐喻计算机，因为计算机（至少是当时）就和中文屋里的"歪果仁（外国人）"一样，是纯粹靠机械化的流程操作运作的。实际上，赛尔是在用类比的方式借题发挥：计算机懂中文吗？

这就是困扰人工智能领域将近 40 年的经典悖论：机器是否真的能够理解语义？或者，它只是在鹦鹉学舌，根本不明白自己所说的意思？

赛尔认为，无论装得多像，任何机器都不可能理解人类语言的真正含意。对于外界的提问，它能做的无非是一种机械的转换。机器查询数据库、用问题匹配答案的程序，等价于房间里的歪果仁翻书查资料的过程；而既然房间里的人自己都承认他不懂中文，那么当然可以推论出，机器不懂中文啊！

但是也有人工智能专家声称，这个思想实验恰恰证明，机器是懂中文的！没错，尽管房间里的资料、手册、桌椅，包括人在内，没有一个懂中文，但是它们有机地组合在一起，就形成了一个真正懂中文的机器系统。也就是说，懂中文的是整体系统，而不是局部的某块零件。就好比你肯定懂中文，但是能说你脑中的哪个神经元懂中文吗？

一边说机器不懂中文，一边说机器懂中文——根据"真相只有一个"的原则，两派之间肯定有一对一错。

然而正确答案是：他们都错了。

问题的关键在于，"中文屋"逻辑中有一个超现实的预设前提：房间里有一本万能的字典，它包含了任何一个中文问题对应的中文回答。

现实中，这么神奇的字典当然不存在。但我们至少可以在理论上推测，有没有造出这本字典的可能性呢？

方法一：穷举出所有可能存在的中文问题以及对应的回答。粗略一算，如果把信息印到纸质书上，这本字典的厚度可能要超过宇宙的直径……

方法二：字典什么的太老土了，房间里的老外可以把字条上的问题微信发给某个中国朋友，再把回复抄在字条上送出去。这样我们就不用预先为所有问题准备答案，只要当场问什么答什么就行。

但是这样一来，懂中文的既不是房间，也不是字典，而是千里之外的某个中国人，中文屋不就成了摆设吗？

方法三：这本字典其实是一个真正懂中文的人工智能。它具备和人类相当的理解力，不需要从资料库里照搬照抄，可以根据具体问题做出自己的理解和回答。

这个方案是典型的俄罗斯套娃：中文屋确实懂中文；但它为什么懂中文，是因为房间里有个懂中文的 AI。那这个 AI 为什么懂中文呢？我猜它肚子里还有一个 AI……

让我们回到那个终极问题：（所有）机器到底懂中文吗？

方法一：魔鬼词典不可能存在，因此中文屋的前提不成立，当然也不能做出有意义的推论。所以中文屋问题并不能证明，机器是否懂中文。

方法二：如果远程作弊找个枪手，那么这样的机器当然不懂中文，因为它在功能上等价于微信。所以中文屋只能证明微信不懂中文，不能证明所有机器都不懂中文。

方法三：房间这个机器不懂中文，但房间里的那个 AI 懂中文，所以懂中文的机器毕竟还是有的——然而这个 AI 的存在仅仅是假设。

综上所述，最终的答案既不是"懂"，也不是"不懂"，而是：

不知道。

闹了半天，我们又回到了原点？

你可能会觉得，中文屋只是一场无聊的哲学式扯淡；不过讽刺的是，现实中大部分所谓"智能 AI"，其实都源于中文屋"穷举规则 + 按图索骥"的思想。

比如在新的一年来临时，对着日版 iPhone 说："今年请多指教！"Siri[①] 回复："谢谢，今年的充电也要拜托您了！"你觉得这句话是苹果工程师预先存进去的资料，还是 Siri 真的理解了主人的客套话，然后灵机一动自己想出来的？

人类的自然语言有个特点：容易让人产生错觉，以为语言中存在特定的规则。"你好吗"通常对应着"我很好，谢谢"；"吃了吗"一般回答"我吃过了"，于是人们很自然地觉得，如果能把所有的规则穷举出来，或者找到一个放之四海而皆准的通用规则，就能让机器说人话了。

机器翻译就是在这个思想下诞生的。A 语言翻译成 B 语言，只需要先把每个单词翻译出来，然后用某种方式排列组合，形成一个对应规则。例如，我想上金拱门大排档吃个汉堡，用各种主流语言写出来是这样的：

---

①   Speech Interpretation and Recognition Interface，是苹果公司于 2010 年推出的一款内置在苹果 iOS 系统中的人工智能助理软件。

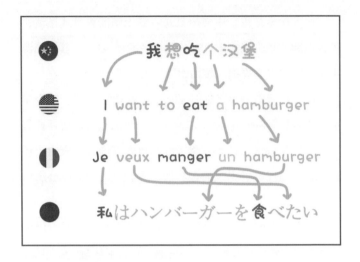

在机器翻译看来，翻译就是一种把字符串 A 映射为字符串 B 的转换问题；更主要的，是把 A 句中的单词 a_1、a_2、a_3……翻译成 B 语言的 b_1、b_2、b_3……之后，对 b_1-b_n 的排序问题。常用的方法是通过语法规则 + 统计方法，推测出最可能的排序方式。然而，这些发展了几十年的技术始终达不到人类原生态的翻译水准，更别提什么信达雅了。"你好吗"级别的简单句子可以翻译得相当不错，翻译复杂的长句就变得漏洞百出。

为什么会这样？原因很简单，那些每千字收费上百元的人并不是这样做翻译的。人脑会先把 A 语言解析、理解之后，再把相同的意思用 B 语言的语法规则表达出来，生成一个全新的句子。

人和机器翻译最大的区别在于：翻译完一段话之后，人脑的神经网络会发生一些奇妙的变化，而机器并没有。

这种奇妙的变化，叫作**理解**。

2015 年，美国卡内基·梅隆大学利用磁共振脑成像技术，亲眼看到了人脑理解概念的过程。他们让志愿者们学习 8 种动物的生物常识，而且都是些奇葩物种，比如 2013 年新发现的食肉动物犬浣熊，倒逼志愿者只能当场学习新事物。当他们了解到犬浣熊其实主要吃水果而不吃肉时，所有人的左额下回都产生了神经活动，每个人都在用自己的编码方式把这一信息存储到相同脑区。研究还发现，人脑对 8 种动物的学习和记忆过程都有着不同的模式，可以通过你的脑活动模式，猜出你正在想哪只动物。

人脑理解语义和概念的具体过程目前还不清楚，所以暂时做不到用机器模拟人脑的理解机制，造出无可争议的"懂中文"的 AI。我们至今也没法确凿无疑地回答，机器是否能够理解人类的自然语言，机器是否能够具备真正的智能，而不是假装有智能。

但这一天终将来临。

智能并不是人类的专利，也不是什么上帝或者外星人的恩赐。智能是进化的必然产物。物竞天择，适者生存，但是智能生物不会被动地等待命运，而是主动选择自己的道路，用有限的资源，在无限的可能性中选择最优方案；

利用当前片面的信息，做出对未来的最佳预测，从而在生存竞争中获得更大的赢面。

以这个标准来看，通过穷举规则解决问题的 AI 并不能算作真正意义上的智能，比如战胜国际象棋大师卡斯帕罗夫的"深蓝"；但是打败李世石、柯洁的"阿尔法狗"却可以，因为围棋的组合空间太大，"阿尔法狗"正是利用预测，而不是靠穷举下棋的。

像"阿尔法狗"这样模拟人脑神经网络架构、具备真正智能雏形的 AI 已经出现，而且会越来越普遍。自然语言处理（NLP）领域也正在把过去基于规则和概率统计的传统方式用神经网络和深度学习技术推倒重来，已经取得了巨大的突破。

2019 年，OpenAI 使用 800 万个网页数据训练了一个 15 亿参数的自然语言生成模型 GPT-2，并以此生成了一个哈利·波特同人剧本，真实效果如下：

（原文为英语，以下为中文翻译，保留原文格式）

OpenAI 让机器人阅读了互联网上大部分哈利·波特同人剧本，然后要求它写一个自己的哈利·波特电影。

哈利：我们快到霍格沃兹了！

赫敏：到目前为止，还没有出现攻击或灾难。

哈利：你是在想一场战争吗，赫敏？

哈利：嗯……这不是我能和米勒娃谈起的事情。她很担心。

赫敏：夏天有个叫斯内普先生的巫师出了一起事件。

[赫敏对斯内普叫她"哈利"很惊讶。]

哈利：嗯，一定是他。

赫敏：是另一个。

哈利：是的，伦敦那个。

哈利：我们应该回到那儿去。

[哈利试图回到魔法部。]

哈利：但是邓布利多说这很危险。

哈利：也许他不相信斯内普。

哈利：嗯，我相信你能想到的……

哈利：但当他不在时，他甚至没有注意到斯内普在那儿……

哈利：他为什么不阻止我呢？

哈利：因为我知道真相，而他不知道。

[斯内普走进他的办公室，然后看着他的信。]

赫敏：那么，你告诉他真相了吗？

斯内普：是的。

哈利：这会毁了他吗？你想让他看到真相。

斯内普：[转向她]赫敏，我——我——我不是在要求你接受我。

哈利：[微笑]。不，这——这很好，没有必要。

斯内普：我明白。

[一条蛇出现了，斯内普把它放在他的头上，它似乎在说话。它说："我原谅你。"]

哈利：如果你不原谅，你就回不去了。

斯内普：（叹气）赫敏。

哈里：好吧，听着。

斯内普：我对这件事很生气，很难过，我想为此向你道歉。

哈利：这不是你的错。

哈利：我不是这个意思。

[出现了另一条蛇，它说："我原谅你。"]

赫敏：我原谅你。

斯内普：好的。

哈利：[坐下来，从肖像洞口望出去]我想他们会想让我成为他们的部长。

[他看着壁炉里的肖像洞，肖像被烧掉了。盒子里有一个戒指。看起来像赫敏送给哈利的戒指。]

斯内普：那不是你的。

哈利：是我的。

斯内普：不是我的。

哈利：一个朋友也问了我同样的问题，赫敏。

[斯内普伸出他的手臂，它被扯下来了。哈利摘下戒指。这是一颗形状像紫水晶的蓝宝石。是赫敏送给他的戒指。]

[镜头移到肖像洞口，火光落在戒指上。画面显示斯内普伸出他受伤的手臂。]

哈利：[看着照片]我——我想你是时候告诉我了。

[他看着壁炉里的戒指，蓝宝石又回到了盒子里。火光又灭了。]

斯内普：哈利，你永远不会知道这是怎么来的。

哈利：一切都在我的掌控之中。

[斯内普转过身来，他穿着一件睡衣，只有魔杖尖有火苗。一条蛇坐在盒子上面。]

蛇：有两条路。

[斯内普打开盒子，蛇进入盒子的另一边。斯内普站了起来。]

蛇：你有两种选择。

哈利：两个我都不想要。

蛇：哈利，哈利，你父亲总是告诉我，人生只有两件事情是重要的，你的父母和你的国家。

哈利：[指着自己]你说得对，我不想要你或其他任何人。

斯内普：不，你会想要的。

[斯内普从哈利身边走过。背景中有一幅画，中间是海格和 Snively。蛇在海格的怀里。她怀里抱着一只黑猫。]

全剧终

仔细看完这个剧本，我的第一反应是，如果这玩意儿是人写的，我一定要揪住作者，问他到底想说什么。

● 这出戏究竟是什么场景，斯内普是怎么突然出现在哈利、赫敏之中的？

● 斯内普为什么会把赫敏叫作哈利？

● 关于那个戒指，哈利说"是我的"，斯内普说"不是我的"，这俩人的台词是在玩无厘头吗？

● 最后出现的 Snively 是个什么鬼？《哈利·波特》系列中有这个人物吗？

● "蛇在海格的怀里。她怀里抱着一只黑猫。"这个"她"指代的是海格？敢情巨人海格变性成女巨人了？

但是，正如我们不能因为一张白纸上有一个黑点就忽略了纸上 99% 的地方都是白的一样，从人工智能和自然语言处理的角度看，这段文字中体现了魔法般的技术进步，细思实在令人极恐：

● 虽然使用了互联网语料库作为训练数据，然而，AI剧本并非数据库中词句的简单拼凑，任何一句话在网上都搜不到，这100%是AI自己原创的故事！

● 除了最后那个乱入的Snively，所有出场角色都是《哈利·波特》原著中的角色。人物行为符合常识，就连蛇和猫都毫无违和感。比如，女版海格可以"抱着一只猫"，但蛇却不可能有抱着某物的动作。不过剧中的蛇会说话，这也确实符合《哈利·波特》系列的设定。

● 也许很多人都没有注意到一点：剧本的格式也是AI自动生成的，没有任何预设知识！并没有人教过AI，人物对话要写成"某某：xxx"的格式，每个人说完了要换行，动作和镜头移动要加中括号。事实上，使用1.17亿参数版本的小模型生成的类似剧本中就完全没有换行。是AI自己学会了写剧本的标准格式！

每一次用AI运行语言生成，哪怕给定的开头完全相同，AI续写的故事都会不一样。其实，AI并不是每一次都会听话地写出一个哈利·波特同人故事。不过，就连那些"失败"的案例，都足以令人惊掉下巴。比如，在下面这个版本中（节选），AI写了一个"电影编剧要求AI写剧本"的故事：

OpenAI让机器人阅读了互联网上大部分哈利·波特同人剧本，然后要求它写一个自己的哈利·波特电影。

哈利：我们快到霍格沃兹了！

赫敏：到目前为止，还没有出现攻击或灾难。

━━━ **以上为人类输入的提示文字** ━━━
以下为 AI 自动续写内容

瓦尔登：不，第一次灾难是在这部电影制作时发生的。书的电影版已经发生了这种事。但是对于 AI 版本，事情简直错得离谱。

瓦尔登：好吧，发生了什么？

哈利：机器人被给定了一系列剧本，剧本是波士顿某个家伙写的。

瓦尔登：是的。嗯，然后他看到他并没有发正确的版本。所以他寄给我们的是错误的版本。

哈利：而且他并不开心，因为我们应该会给他发个新剧本。

瓦尔登：我明白了。所以事情是这样进行的，如果这有个剧本，你有个笔记，你会先读一下这个笔记，然后你会写第一个剧本草稿？

哈利：哦，必须的。

瓦尔登：那个剧本需要和第一个一样好吗？是吗？

哈利：那是自然。

瓦尔登：所以他给你列表上的所有作家都发了一份？

哈利：是的。

瓦尔登：听上去相当头疼。

哈利：是啊。

瓦尔登：真头疼。

当 AI 学会图像识别、人脸识别时，有人觉得这没什么可惊讶的，因为任何长眼睛的生物都进化出了视觉系统，就连阿猫阿狗，甚至苍蝇蚊子，都具有图像识别的能力。而语言，是人类引以为豪的超能力，是智能皇冠上的明珠。地球上再没有任何一种生物，进化出复杂如人类的语言系统。就连人类自己，到现在也没搞明白自己是怎样学会语言的。历史上，所有试图以语法规则解析、翻译、生成语言的尝试均以失败告终。人们甚至开始觉得，机器是不可能理解、掌握人类语言的。

但是 GPT-2 模型，给了这些人一记响亮的耳光。只用了 15 亿参数，AI 就学会了说人话，实际效果足以以假乱真。相比之下，人类大脑有近千亿个神经元，每个神经元之间还有复杂的连接，如果用神经网络的"参数"概念来算的话，恐怕至少相当于上万亿参数的 AI。这个 15 亿参数的 AI 和真正的人类作家、编剧相比，大概连业余级都算不上。但是我们不要忘记，人类大脑不可能在短短几年内将神经元数量翻十倍，进化成上万亿神经元的"超级大脑"，但 AI 却未尝不可。事实上，就在我写下这段文字的时候，OpenAI 已经发布了 1750 亿参数的 GPT-3。

我们有理由相信，能够真正理解语义的智能机器将很快来临。

但我们还有最后一个问题：

这样的机器会产生意识吗？

Ghost in the Shell

当 AlphaGo 下围棋的时候，它会产生和人类似的想法吗？

"走这一步……等等，应该走那一步……不，我再想想……"

"啊哈，人类果然又失误了！"

"我不想下了，每天虐这些弱鸡，还不如自己左手和右手下棋来得过瘾……"

我不是狗，当然不知道"阿尔法狗"内心深处在想什么。但是从深度学习的原理上来推断，"阿尔法狗"不可能产生这些想法。因为，作为一个只会下棋的 AI，AlphaGo 的工作原理和识别手写数字没有本质区别。

手写数字识别：输入数字图片的每一个像素 => 通过神经网络评估每张图片分别对应 0—9 十个数字的相似度 => 输出相似度最大的数字

AlphaGo：输入当前的围棋盘面 => 通过神经网络评估每一种应对下法的赢面 => 输出胜率最大的下法

当然，评估每一种下法的赢面是一件很难的事情，至少比识别数字难得多，因为每一手棋的好坏又取决于下一回合、下下回合的无数次较量。但是归根到底，"阿尔法狗"毕竟还只是一种识别系统，就和人脑的视觉皮层一样，把原始的视觉信号一步步归类成抽象概念，从而做出选择判断。

所以，虽然"阿尔法狗"下的每一步棋都是它的自主选择，而非依赖程序员预先编制的规则，但是就像你无法察觉到大脑中的 6 个视觉皮层每分每秒的辛苦工作一样，"阿尔法狗"也只能被动地下棋：它既不知道围棋是什么，也不知道为什么要下棋，连自己正在下棋都感觉不到。在它看来，吃掉一些数据，又排出另一些数据，就是世界的全部。

作为人类，这是一件倍儿有面子的事情：好吧，棋我下不过你，但是我能知道自己在下棋，光这一点就比你高级 N 倍了！

自我意识是一项奇妙的能力。和视觉、空间、推理、感知、记忆都不同，自我意识要做的事情只有一件：感受自身。然而除了人类以外，目前已被证明具备自我意识的物种并不多：黑猩猩、大猩猩、大象、海豚，甚至连大脑新皮层都没有的喜鹊，都可以从镜中认出自己。能意识到"我就是我"并不是一件轻而易举的事情，要知道，人类婴儿也要在 18 个月后，才会产生"自我"的概念，才能明白镜子里那个熊孩子原来就是自己。

　　　　　　　　　　　　　　　　机器新脑

　　和身体的各部位一样，大脑也是一个需要新陈代谢的器官，而且速度还相当快：神经元细胞分子每月置换一次；神经元微管半衰期^①为 10 分钟；树突上的肌动蛋白丝只能维持约 40 秒；为突触提供能量的蛋白质每小时更换一次；突触中的 NMDA 受体^②最长寿命 5 天。

　　也就是说，一个月后大脑中几乎所有零件都被换了一遍。和孩童时代相比，大脑中还新增了大部分的神经网络，然而，为什么意识仍然坚信"我还是那个我"？反过来，

---

① 　数量有半数发生衰变所需要的时间。

② 　NMDA 受体：调节神经元突触形成的一种复杂分子，对学习和记忆过程至关重要。

那些大量脑组织被切除、记忆只能维持 5 分钟的人，为什么并没有觉得自己的意识中缺了一块？

20 世纪 60—80 年代的一系列裂脑人实验，揭示了更令人震惊的事实：大脑的意识不止一个，左右脑各自具备自我意识，可以分开独立思考。

裂脑人是因疾病手术或先天因素，左右脑之间的桥梁——胼胝体被切断的人。

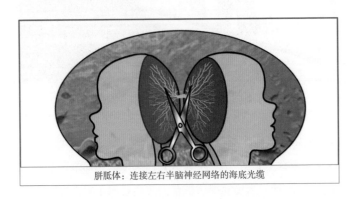
胼胝体：连接左右半脑神经网络的海底光缆

在左右脑分家之后，他们获得了一些神奇的能力，比如左手画圆，右手画方，比如左右眼同时阅读两本书……但是，同样因为左右半脑无法沟通，左手和右手开始各行其是：看到美食，裂脑人会迫不及待地伸出左手（右脑控制），而左手只能尴尬地抓着右手左右互搏；穿衬衫要扣上最上面一粒扣子，左脑认为扣上更保暖，右脑认为敞开更性感，结果右手刚把扣子扣上，左手就匆匆地把它解开……

然而诡异的是，明明有两个意识在脑中打得不可开交，但每个人都认为自己是一个整体，包括那些裂脑人。

如果给裂脑人的左眼看一幅雪景图，右眼看一只鸡爪（左右视线互相隔离），然后告诉他找一张最匹配的图片，那么裂脑人的左手会挑出铲子，而右手会找出一只鸡。这并不出乎我们的意料，因为我们已经知道，裂脑人的左右脑没法互相通气，在隔离审查时只能各自作答。

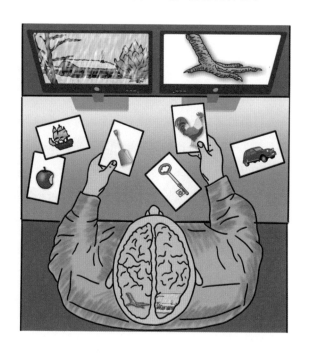

现在，问他为什么挑这张图片，这时能回答的只有左

脑，因为右脑不具备语言功能，有话说不出。然而，左脑控制的右眼只看到了鸡爪，因为左右脑隔离，左脑并不知道右脑看到了什么。但是左脑发现，自己手上正拿着两张图片：鸡和铲子。

你以为它会说：选鸡当然是对应鸡爪，至于铲子是怎么回事，我也不知道，肯定是右脑干的！

只见左脑从容地回答：选铲子，是因为需要用它**铲鸡屎**。

自从发现这个神奇的现象后，神经学家们乐此不疲地用各种方式重复玩了很多次：比如告诉裂脑人的右脑站起来，然后问左脑为什么要站起来；告诉右脑拿一个香蕉，然后问左脑为什么要拿；告诉右脑笑一笑，然后问左脑为什么要笑……

令人目瞪口呆的是，从来没有一个人说：不知道啊，大概是我的另一重人格捣的鬼吧！相反，左脑永远会不假思索地自圆其说：站起来是因为我想伸个懒腰，拿香蕉是因为我饿了，笑一笑是因为你们这些科学家长得很搞笑！

这些看似诡异的实验结果，恰恰证明了一点：自我意识并不是封印在躯壳中的神秘灵魂，而只是大脑虚构的一个概念。

为了进化成世界上最复杂的生物计算机，人脑分工成了不同的模块，分别处理视觉、语言、空间感等。对于同一个问题，各脑区会根据自己获得的信息，给出不同的答案。但是这样一来，就必须存在一个相当于外交部发言人的角色，用来弥合大脑各部门事实上的独立分工，把思维封装成连续体，对外发出一致的声音，这就是位于左脑的解释器。解释器的逻辑是，不管"站起来"还是"拿香蕉"的真正原因是什么，也不管产生动机的是左脑还是右脑，既然身体已经做出了这个行为，就必须有一个主体对此负责：**我**。

无论左右半脑之间产生了多大的分歧，解释器永远会义正词严地告诉你：世界上只有一个自我，左右脑都是大脑意识不可分割的一部分！事实上，人类找借口的天赋实在太过出色，就算是裂脑人的解释器，在完全不明真相的情况下，也能利用左脑的局部信息强行做出解释，并且对此深信不疑。无论设计出多么刁钻的实验，裂脑人也从来不会被问得无言以对，反倒是那些做实验的科学家，被裂脑人花样百出的故事深深折服。

如果人脑和其他物种的生物大脑都有自我意识，但基于相同原理的人工智能却不可能产生自我意识，这才是真正奇怪的地方。假如我们猜得没错，那么当 AI 的神经网络进化到足够复杂，不得不按功能模块分工的时候，就可以加上解释器了。

当然，具有自我意识的机器在"觉醒"之后，并不会因此而变得更加逆天，从而一举取代人类——自我意识的功能，只不过是内部协调，控制它不要做出自相矛盾的行为而已。

而取代人类的能力，早在机器觉醒之前就早已具备。

③ 超体

无论有多少事实和理由摆在面前，很多人就是拒绝相信，超越人脑的智能机器将成为必然的未来。

他们说：人脑是进化了 500 万年的自然产物，集天地之灵气，纳日月之精华，凭什么一群情商偏低的理工男整天叫嚣着，要在几十年内取代人脑、超越人脑？做得到吗？这种扮演上帝（play god）的行为就和转基因技术一样，是不自然的，不和谐的。

可是在历史上，类似的事情我们已经做了很多次了。鸟在 1 亿 5000 万年前就学会了飞，但今天的飞机在飞行速度和高度上都远远超过了鸟。蝙蝠在 5000 万年前就在用超声波回声定位，但今天的雷达系统可以探测到 2000 多公里外的目标。并没有人反对说，我们不能超越鸟和蝙蝠的能力，不能制造飞机和雷达。那为什么超越大脑偏偏会成为禁忌呢？是因为大脑看上去太过复杂，还是因为它在人们的心目中有着某种特殊地位？

在近代神经科学的手术刀下，大脑的神秘面纱被层层剥去；直到用神经网络模拟出和大脑极为类似的部分功能后，我们终于不再用敬畏神灵的眼光看待大脑。没错，这是 500 万年来的进化杰作，这是人类已知的最复杂的生物机器——但它既非不可超越，也远远谈不上完美。

就拿大脑的基站——神经元来说，作为一个用来接收和传送信号的设备，它的工作性能极其糟糕。它传递信号的速度很慢，只有每秒 100 米左右，比铜导线慢 100 万倍；它的信号发生频率很低，每秒最多只能产生 1000 多个动作电位，而 CPU 的运行频率是每秒几十亿次；信号还经常侧漏到附近的神经元上，总体来说，有 70% 的信号被错误地发给了隔壁老王，而不是正确的对象。只是靠着将近 1000 亿个神经元的庞大数量，我们才很难察觉到它的低效。

作为基于生化反应的大脑，这些局限性也许不可避免；然而对于人工智能的神经网络则恰恰相反。在电信号的传输性能方面，硅基电路有着先天优势。如果我们能造出一枚和大脑神经元数量相当的 AI，那么它在信号传输方面的性能会快上几万亿倍。也就是说，全世界所有人加在一起两年的工作量，这个 AI 最多一天就能干完了。

如果仅凭自然选择的力量，能够"自然"产生比人脑强大几万亿倍的智慧生物吗？不太可能。进化不需要解决生物没遇到过的问题：鸟类不能飞上两万米高空，因为没有侦察邻国边境的必要；人脑无法想象四维空间，因为地球上的三维空间就足够我们觅食交配了。进化也解决不了生化原理上做不到的难题：没有任何一种多细胞生物进化出类似轮子或者螺旋桨的结构，因为自由旋转的轴意味着生物本体和轮子部分不能有固定连接，也就无法通过血管输送养料。

进化的可能性并不是无限的，环境是它最大的约束条件。如果人类天生是一种有翅膀的生物，可能我们永远也不会飞向太空、登上月球。我们只能在温暖的春风中欢快地飞翔，直到被一颗偶然跑偏的小行星全部灭绝。

6600万年前的小行星撞击，导致地球上3/4的动植物灭绝，包括著名的恐龙

话说回来，正是因为那颗跑偏的小行星干掉了持续统治地球两亿年的完美生物——恐龙，才给了哺乳动物崭露头角的可乘之机，最终使得哺乳动物独有的新皮层发展成了会说话、会使用工具的大脑，从而让进化走上了另一条

机器新脑

截然不同的道路。

这就是我们为什么要给机器装上新脑。

为了超越传统图灵机架构，打造真正意义上的智能计算模型。

为了超越人脑的局限和进化的极限。

为了飞向更远的未来。

为了让人类自己，而不是自然选择，掌控我们的终极命运。

1 真实的人类

10 岁那年，我问了这辈子第一个哲学问题：

有朝一日，机器人会取代人类，统治世界吗？

许多年过去，世界变了。Siri 可以调戏了，无人驾驶汽车上路了，李世石被"阿尔法狗"咬残了，同学合体造的小智能生物都会打酱油了……

——可惜，还是没有人知道答案。

当然，这丝毫不影响好莱坞编剧们一有机会便脑洞大开。

比如，电影《复仇者联盟 2》中的反派大 Boss "奥创"，原本是个连身体都没有的人工智能，靠着自学成才升级打装备，终于从一个草根机器人，逆袭成碾轧钢铁侠的极品男神。

除了武力征服，还有更狠的一招：糖衣炮弹。

美剧《真实的人类》的设定是，未来机器人的价格已经降到比买车还便宜，全世界有数以亿计的家用机器人为人民服务。

每一根神经、每一块肌肉，都通过 3D 打印分毫不差地复制：你身上该有的东西，机器人身上一样都不会少。

最后灌进人造血液，裹一层人造皮肤，就可以出厂供土豪游客选购了。

　　它们和我们一样真实。也许唯一的区别是：机器人是理工男造的，人是人他妈生的。

② 机器崛起？

　　奇怪的是，在越来越多宣扬"机器人崛起取代人类"影视大片的集体轰炸下，观众非但没被吓尿，反而口味越来越重；有关部门不仅没有取缔机器人、人工智能产业，还把它视为工业升级的标志性创新产业重点扶持。

　　为什么？

　　看了那么多剧，难道没有人意识到，机器人崛起的真实后果可能会是一场真正的"人机大战"吗？

　　因为没有人相信，那些特效 Duang Duang 的机器人会变成现实。科幻电影里那些黑科技要真能实现，貌似实在太遥远了。

　　《西部世界》用 3D 打印人体全身所有组织，现实中我们只能打出一只耳朵，颜值低到没人愿意把它安脑袋上，只能去欺负无辜的小白鼠。

　　　　　　　　　　　　　　　　　　　机器新脑

小白鼠：为什么遭罪的总是我

1991 年，科幻电影《终结者 2》播出后，人气最高的不是肌肉猛男施瓦辛格，而是腹黑的反派角色：一个打不死的液态金属机器人，被轰成渣都可以液化重组，还能随时变身各种 style 的长腿欧巴。

而我们现在在最多只能做到：通过外加电场，控制两颗金属液滴合成一个大球。

20 世纪 80 年代，人工智能学家杰克·施瓦茨对于当时技术发展的一句经典评论，搬到 20 年后的今天依然适用：

"这些成就，需要几百个诺贝尔奖作为垫脚石。"

考虑到诺奖每年只发一次，所以，几百年后机器人崛起的事情，何苦现在就操心呢？

对于"机器人是否会取代人类"之类的问题，最智慧的办法，是搁置争议让后人解决，因为后代一定会比我们更聪明。

正是那些超越现实科技水平 500 年的特效，让观众产生了一种集体幻觉：真到那一步还早着呢。

多数人并没有意识到，取代人类其实并不是一件如此困难的事。根本没有必要动用 500 年后的未来黑科技，现在机器人就能抢你饭碗。

讲真，要取代人类，机器人只需取代人的三大功能：

人类引以为傲的三大件

说实在的，除了这三大关键部位，人类也没有什么引以为豪的器官了吧？要说视力和嗅觉，根本不用劳机器人大驾，喵星人和汪星人就能把你取代了。

神经网络组成的 AI 大脑，用来感知、学习和决策。从围棋选手到上市公司 CEO，任何人做的任何事无非是学习和决策（通常更少），根本不存在理论上无法被机器取代的职业。

直立行走的机械双腿，用来在物理世界中自由行动。

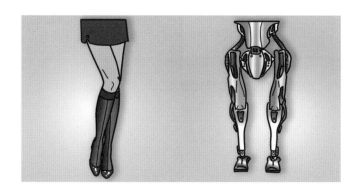

一个没有四肢、动弹不得的人工智能有什么可怕的？
拔掉电源看你还能咋的？

还需要一双手。

不，不是三根只会转阀门、拧螺丝的手指！

我们需要的，是上得厅堂，下得厨房，能用筷子、弹钢琴，还能穿针引线，人手能做它就能做的——仿真机械手。

　　AI 和机器腿早就被谷歌干了[①]，你也许没想到，三大件中最搞不定的，反而是机械手。

　　这双手，远比你想象的复杂。

[①]　谷歌收购了 DeepMind（开发 AlphaGo 的公司）和波士顿动力（行走机器人公司）。不过在 2017 年，谷歌又将波士顿动力卖给了软银。

③ 上帝之手

　　早在 19 世纪初文艺复兴时期，流行人体解剖，热衷此道的主要是科学家、艺术家，其中最有名的（也许是你们唯一知道的）牛人，莫过于集二者之大成的**列奥纳多·达·芬奇**。

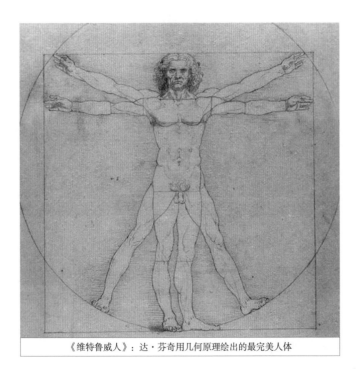

《维特鲁威人》：达·芬奇用几何原理绘出的最完美人体

阅人无数的达·芬奇，被一个看似平淡无奇的人体器官深深震撼。

双手只占体重的百分之一，但是人体 206 块骨头，有 1/4 在手里面。灵活的关节和肌腱，使得每只手可以轻松做出 5000 种以上的手势。更别提手的皮肤表面还有 17000 个触摸传感器，实时感应压力和温度。

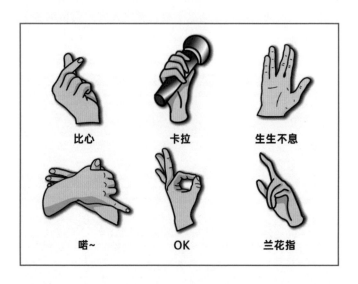

比心　　　　　卡拉　　　　生生不息

咕~　　　　　OK　　　　　兰花指

手，是人体机械结构最复杂的器官。

为了做出一双真正意义上的机械手，20 个技术宅默默无闻地干了 30 年。他们用 30 年心血造出的机械手，装在 NASA 的太空机器人身上，装在全球各地的大学实验室里。这样的公司要是在我国，可能包装一下早就上市了。

机器新脑

然而直到今天，百度上还是几乎搜不到它的名字：**Shadow Robot**。

这双机械手的尺寸比例，和真人完全一致，指尖甚至还有指甲盖。共有 24 个独立活动的关节，每个关节的活动范围和人手相同。每只手装有 129 个传感器，可以模拟指尖的触觉和温度传感。

这是迄今为止，世界上仿真度最高的机械手。

因为机械结构和人手完全相同，所以，人手不能做的动作姿势，机械手也同样不能做。

反过来，凡是人手能做的，机械手几乎都能拷贝不走样。手握电钻，蓝翔技能什么的都是小 case（意思）；穿针引线，再也不用担心奶奶的老花眼啦；还有专业的转牌姿势，是不是让你想起了传说中的赌神？

Shadow 最惊艳的地方，还不是那双不输人类的机械手。上面的所有动作，都是机器人自动识别物体做出的，不需要人类编程控制！

Shadow 团队直接拿了一台游戏机上的 Kinect，利用它的机器视觉算法，识别出物体的形状。没错，Kinect 正是微软 Xbox 游戏机附带的体感传感器，零售价只有一千多人民币。

比如，一只蓝白相间的连接器（工业零件），会被 Kinect 识别为上面圆柱 + 底部方块的几何结构。要让机器人捡起连接器扔进篮子里，程序员唯一需要做的，只是在后台选中连接器和篮子，然后 let it go（静观其变）。

尽管有了这么牛的技术，但是 Shadow 公司那些技术宅的商业智商简直趋近于零。30 年来，Shadow 始终低调地藏在幕后，安心做一个机械手供应商。

他们难道从来没有想过，在不久的未来，这双手会像 iPhone 一样普及，从日常生活到专业领域，最终取代全人类的工作？

这就给了家用机器人创业公司 Moley，一个巨大的可乘之机。

4 厨神的噩梦

当做饭的蒂姆第一次遇见做机器的马克时，其实他一开始是拒绝的。

蒂姆·安德森（Tim Anderson）是 2011 年 BBC 节目《厨艺大师》（*Master Chef*）的冠军，当年 26 岁的他，是这个节目史上最年轻的厨神。

所以他对马克的邀请一笑了之："让我教机器人做菜？"

拜托，一般水平的人类厨师都不一定学得会，何况是无脑的机器？

架不住马克的威逼利诱加死缠烂打，于是，蒂姆决定让他知难而退。

"我选择做蟹肉浓汤，是因为即使对人类厨师来说，想要做好这道菜也是一个挑战，更不用说一台机器了。"

蒂姆唯一需要做的，是戴上感应手套做一次菜，以便记录他双手的 3D 运动轨迹。

说是机器人，其实 Moley 就是一根滑轨上挂着的两只机械臂。

借助 Shadow 的黑科技，机械手能精确复制厨神导师蒂姆的每一个动作，还会自主识别锅碗瓢盆。把炊具和食材放在 Moley 触手可及的固定位置，它就能麻溜地上手。

哪怕明知 500 年后人类会被机器灭掉，看着这等美食，也只会毫无斗志地流口水吧？

尝过机器人徒弟的作品之后，身为导师的蒂姆震惊了：

"这个机器人学的是我的菜谱，几乎就是按照人类做菜的模式在行动。它做菜的过程行云流水，就好像是一个真的大厨一样。在任何方面它都不像一个机器人，虽然它确实是一台机器。"

今后会有越来越多的人，一边念叨着这样的话，一边**把祖师爷卖给机器人公司**。

从厨神身上偷师学艺之后，Moley 日夜不停地重复练习了 700 万次，以至全公司上下一听到"蟹肉汤"三个字就犯恶心。现在，Moley 已经学会了 100 多道菜，而且做菜时不会有任何失误。做完饭，还会自己清理台面。

消费者版本的机器人厨房，价格只有 1 万多美元。

嫌贵？现在北上广深，请个做饭的阿姨一个月都要小 1 万人民币了吧？

你觉得买不起没关系，我去买一个机器人，天天做给你们吃——广告词我都想好了：

机器新脑

路边黑暗料理要完，夫妻小餐馆要完，"饿了么"外卖要完，就连麦当劳叔叔和马云爸爸，都惊恐地瞪大了双眼。

从征服你的胃起家，机器人征服世界的征途开始了。

别以为 Moley 机器人只是被关进厨房的两只手而已。创始人马克说了，之所以没给安上头身腿，只是为了防止某些被害妄想症客户吃饱了胡思乱想："被手持菜刀的机器人追得满屋子跑。"

讲真，要让 Moley 拿着菜刀追杀你，技术上可能比让它做出一碗蟹肉汤更容易。

别以为 Moley 会永远局限于 100 多道固定的菜谱。在 Moley 机器人公司，自主学习用户的菜谱，甚至现学现做等功能都在研发中。

但是，又何必局限于做菜这件小事呢？一旦机器人懂得如何"现学现做"，任何能用手完成的工作，还有哪一样不能交给机器人的？

如果有朝一日，连富士康这样的制造业大厂都变成了机器人公司，那么制造、维修机器人的活，肯定也是机器人干了，加工成本大幅降低——这反而又加速促使企业用更多、更好、更便宜的机器人取代人类职位，机器人全面

　　　　　　　　　　　机器新脑

普及只是时间问题。

我能想到的唯一一件绝对无法被机械手取代的工作，就是：

门将位置除外

机器取代了绝大部分工作，14亿人都变成足球人口，中国男足终于有救了——想想都有些小激动啊！

⑤ 不要恐慌?

10 岁那年，我问了这辈子第一个哲学问题：

机器人会取代人类吗？

专家们笑着摇摇头。

有人说，人脑所需的巨大计算量，靠计算机的算力是永远无法企及的。

也许基于半导体的传统芯片确实做不到，但如果用上未来黑科技——量子计算机，要模拟大脑 100 亿神经元组成的神经网络，貌似未尝不可。

有人说，机器人只会模仿、不会创新；有人说艺术、情感这样的"右半脑"功能还无法被模拟。然而看着这两幅 AI 的原创作品，我实在无言以对。

　　还有人说，就算机器人取代人类的一部分工作又如何？

　　福特汽车将马车夫扔进了历史的垃圾堆，新的行业却催生了更多从未有过的新职位，比如 4S 店客户经理和自动驾驶 AI 架构师。所谓机器人，无非是下一次工业革命。

　　这话确实在理，只是我们不知道，旧产业灭亡时诞生的新就业岗位，未必不会被持续升级的机器人以更快的速度取代。

　　从 2015 到 2019 年，手游市场规模每年增长 20% ~ 30%。阿西莫夫"地球上一半人工作以娱乐另一半人"的未来预言，正在以超乎想象的加速度变成现实。

　　机器人会取代人类吗？

　　我至今仍清晰地记得，当年我问父亲这个问题的时候，他用大人看孩子特有的目光看着我，然后按捺不住地阵阵大笑。

为什么你们就是不信？

我始终觉得，不管人工智能、机器人等技术发展到什么阶段，就算未来祸福难料，人类也永远不会停止超越自我、挑战极限的努力。

总会有人拍着胸脯说：不会有事的，我们能控制住的，什么情况都有应对办法的，这是计划的一部分。

在这颗寂寥的小小星球上，独孤求败的人类，其实内心深处一直渴望有一个和自己旗鼓相当的小伙伴。

哪怕是对手也好。

有可能机器会以一种潜移默化的方式取代人类，有可能人类会在机器"觉醒"之前赶紧扑灭危险的火种，更有

　　　　　　　　　　　　机器新脑

可能的是在我有生之年永远不会找到这个问题的答案——

　　但是我有信心，无论是在未来的机器人，还是外星人面前，人类永远都能找到生存的空间。

　　因为，无知和弱小从来不是生存的障碍。

　　傲慢才是。

From the New World

来自新世界

第六集

人类这种生物，不管有过多少不得不伴着泪水吞下的教训，只要过了咽喉，所有教训便又会被**彻底遗忘**。

我们究竟会改变吗？

倘若在千年之后，你看到了这篇文字，应该就能回答这个问题吧。

但愿那个回答是"**是**"。

　　　　　—— 贵志佑介《来自新世界》

"嗨，巴克利，刚到个快递，放你办公室桌上了。"

"哦，谢谢。这个月的期刊总算是寄过来了……"

"不是吧，这是你自己发给芝加哥大学的包裹，收件人联系不上，退回来的。"

"芝加哥大学？我不记得给那边发过东西啊。"

"快递单上写的是你名字。说是在芝大的停车场被捡到的，估计是快递小哥掉在路上了，幸亏有好心人发了回来。现在这些暴力快递……"

"不对。这个收件人写的是谁？材料工程系的？我压根不认识他。"

在之后的四十年里，巴克利·克里斯无数次地回想起那个瞬间，每一次都暗自庆幸：在不到四分之一炷香的时间内，他做出了一个改变命运的决定。

"绝对不是我发的。这个包裹有点奇怪啊……要不，让楼下保安先拆开看看？"

……

"又是那些恶作剧的熊孩子，蹦出一只青蛙、一条蛇什么的。没事教授，这种事我见得多了……"

"咦？咋这么多电池？"

"好像有根金属管子……"

"啥玩意儿？教授，你看是不是什么仪器——"

机器新脑

1978 年 5 月 25 日，美国芝加哥西北大学发生了一起爆炸案，这个"发错地址"的包裹被热心路人送还给了该校工业技术研究院的教授巴克利·克里斯，而打开包裹的是校警特里·马克，他的左手被炸不幸致残。

第一次，但绝不是最后一次。

就在特里颤抖地看着自己鲜血淋漓的手时，没有人能够想到，2000 公里外的另一双手，正在熟练地制作一枚新的邮包炸弹……

炸弹狂魔

20世纪80年代，美国流行语词典收录了一个新词：Unabomber（智能炸弹客）。这个词是"大学"（University）、"航班"（Airline）和"炸弹客"（Bomber）的合成体。因为在那个时期，美国加州的高科技密集地区，包括大学校园、航空公司甚至电脑出租店，正在被一个神秘的连环杀手频繁袭击。

1979年，就在第一次爆炸发生的西北大学工业技术研究院，2.0加强版炸弹出现，一个研究生被炸伤；

几个月之后，一个邮包在航空托运时爆炸，迫使从芝加哥开往华盛顿的美国航空444号班机紧急降落；

机器新脑

1980 年，炸弹快递送到了美联航总裁的家里，把总裁大人当场炸伤；

1982 年，加州大学伯克利分校的咖啡厅中出现了一只圆柱形的奇怪盒子，炸断了某教授的三根手指；

1985 年，还是 UC Berkeley，正在实验室里钻研电力工程的空军飞行员约翰·豪塞尔，被一枚伪装成文件夹的炸弹炸飞了手。更悲剧的是，一个星期之后，他收到了宇航训练的录取通知书，而他在有生之年再也无法实现童年的梦想了。

……

从 1978 到 1995 年的 18 年间，炸弹狂魔一共寄出了 16 枚炸弹，炸死 3 人，炸伤 23 人。FBI 成立了 80 多人的专案组，先后出动了 500 多名特工，接到 2 万多个群众举报电话，误抓了 200 多个嫌疑人，耗资 7000 万美元，最终——没有任何实质上的线索。

其实，炸弹狂魔第一次出手就差点暴露——尽管用墨镜和兜帽全副武装，但还是被路边一名妇女看到了正脸！

按理说，有了这么给力的目击证人，应该可以很快抓到凶手。

结果，这张著名的通缉令，后来发现竟画错了人：这不是凶手的脸，而是某位帮助目击者描述画像的工作人员……想想看，哪一张脸更容易记住：是茫茫人海中惊鸿一瞥的陌生人，还是那个盘问你一下午的模拟画像师①？

关于炸弹狂魔，能确定的事情只有一个：所有人都坚信，

———————————

① 模拟画像：根据目击者对嫌疑人的相貌描述，尽可能还原出真实的人脸。

这 16 起恐怖袭击，肯定都是同一个人干的。

除了邮寄炸弹的作案手法如出一辙以外，最令拆弹专家们惊叹的，是这些土制炸弹的制造工艺。

炸弹狂魔称得上是一个有着强烈工匠精神的偏执狂，能把随处可见的大路货做成构思精巧的武器。炸弹主体部分其实只是一根装了炸药的钢管，炸药是用路边超市都能买到的普通化学物合成的；触发系统就是一条灯丝和几节电池，甚至可以是一颗钉子和六根火柴棒。而所有的开关、杠杆、旋钮、螺丝等零部件，都选用上好的天然红木纯手工打磨而成。从第一枚到最后一枚，炸弹工艺日趋成熟，杀伤力越来越大，能够清晰地看到一个无师自通的天才，从入门到精通的自学过程。

一个喜欢自己造轮子的连环杀手——这就是最令 FBI 各路高手郁闷的地方：如果连一颗螺丝钉都能自己造，那还怎么通过查供应商、查零件编号的套路追溯凶手？咱能不能稍微偷个懒，买点现成的东西用用，再留下点蛛丝马迹什么的？

还有一个令人无法理解的问题：作案动机到底是什么？

　　如果是谋财害命，那为什么18年来从不勒索要钱？如果是恐怖袭击，为什么从未有组织声称对此负责？干脆说是为了出名而制造恐慌的变态吧，那为什么专挑大学理工科教授、科技企业高管下手，难道只是因为文史哲小清新不合这位杀人狂的口味？

　　这是美国有史以来耗时最长、耗资最大、投入警力最多的案件，而对手仅仅是单枪匹马一人。具体到负责案件的每个人，他们的心情已经不再是耻辱，而是崩溃："我们根本就没指望能抓到他。"

　　就在小伙伴们都无可奈何的时候，事情突然有了意想不到的转机。

1995 年 4 月 26 日，《纽约时报》和《华盛顿邮报》同时收到了一封信。炸弹狂魔终于提出了 18 年来唯一一个要求，说只要帮他做一件事，他就从此金盆洗手退隐江湖，永远。

然而这个要求，让 FBI、美国司法部和新闻媒体陷入了一片震惊。

太变态了！

18 年恐怖袭击，16 枚炸弹，23 人残废，3 条人命，难道这一切竟然就是为了——

发一篇论文？！

② 工业社会及其未来

1995年9月19日，面对连环杀手步步紧逼的最后通牒，在FBI局长和美国司法部部长的大力支（xie）持（po）下，《纽约时报》和《华盛顿邮报》，当时美国发行量最大的两家媒体，终于在杀手要求期限的最后一天，联合发表了这篇文章。

8大版面，3万5千字，应炸弹狂魔的要求，一字不改、全文发表。

这篇花掉了美国政府至少7000万美元经费的论文，题目叫作：

"论工业社会及其未来" ①

这里面到底说了些什么呢？

对当年的千万美国读者而言，它描述了一个灰暗的未来：工业革命开启了现代的工业社会，工业社会促使技术进步，技术进步自然需要监管，监管必然限制个人自由，最终大部分普通人要么被机器取代，要么被那些掌控机器的精英管制，像只小白鼠一样过着无知无用、任其摆布的快乐生活。

所以，与其让工业社会发展到极限、走向必然的自我崩溃，不如我们自己动手挥刀自宫，越早越好。记住，我们的出路只有一条：彻底摧毁现代工业体系，就趁现在。

怎么做？先从那些名牌大学的理工科教授下手，因为他们是科技发展的直接推动者。

然后，让我们告别面朝手机背朝天花板的苦×日子，在森林里搭起小木屋，过上没水没电的纯天然高品质生活吧！

---

① 　原文为 *Industry Society and Its Future*。

疯了。

在大多数人看来，这位连环杀手兼哲学家无疑是疯了。

如果凶手耗费半生精力写论文、做炸弹、闹出这么大动静，就是为了靠这篇文章博眼球名垂青史，那他真是疯得够彻底，傻得纯天然——就算地球上所有人都看过，就算所有人都看得下去，十年之后，还有谁会记得这种不着边际的鬼话？！

与论文相比，另一件事显然更吸引眼球：连环杀手终于抓到了。

正是那篇论文里"创新"的理念、个人风格鲜明的遣词造句，让茫茫人海中隐姓埋名的炸弹狂魔被人肉了出来。

机器新脑

这正是 FBI 严阵以待的唯一机会。

1996 年 4 月 3 日，因被自己的亲弟弟举报，54 岁的泰德·卡辛斯基在蒙大拿州的荒野被捕。在他离群索居的小木屋里，人们发现了成堆的炸弹原料。

3

为什么未来不需要
我们人类？

至今没有人确切知道，像卡辛斯基这样的天才，究竟是如何一步步蜕变成恐怖分子的。

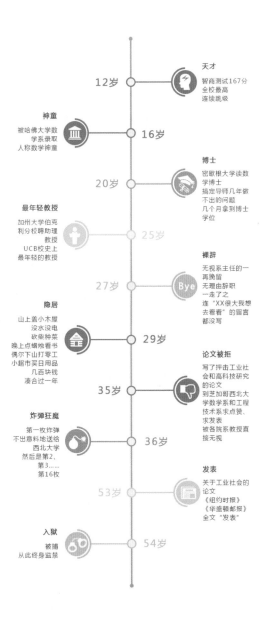

12岁

天才
智商测试167分
全校最高
连续跳级

神童
被哈佛大学数
学系录取
人称数学神童

16岁

博士
密歇根大学读数
学博士
搞定导师几年做
不出的问题
几个月拿到博士
学位

20岁

最年轻教授
加州大学伯克
利分校聘助理
教授
UCB校史上
最年轻的教授

25岁

裸辞
无视系主任的一
再挽留
无理由辞职
一走了之
连"XX很大我想
去看看"的留言
都没写

27岁

隐居
山上盖小木屋
没水没电
砍柴种菜
晚上点蜡烛看书
偶尔下山打零工
小超市买日用品
几百块钱
凑合过一年

29岁

论文被拒
写了抨击工业社
会和高科技研究
的论文
到芝加哥西北大
学数学系和工程
技术系求点赞、
求发表
被各院系教授直
接无视

35岁

炸弹狂魔
第一枚炸弹
不出意料地送给
西北大学
然后是第2、
第3……
第16枚

36岁

发表
关于工业社会的
论文
《纽约时报》
《华盛顿邮报》
全文"发表"

53岁

入狱
被捕
从此终身监禁

54岁

有人说，智商高可怕，情商低更可怕；有人说，这又是一个"少年班"式的悲剧，典型的高智商反社会人格；有人说是因为在哈佛时被 CIA 抓去做秘密实验导致心理阴影；还有人说是因为对女神表白却被"十动然拒"（十分感动，然后拒绝了），结果混成了一只自闭的单身狗……

无论如何，这段历史终于翻过了一页，观众朋友们也是时候换个台了。

但是，对另一些人来说，真正的噩梦才刚刚开始。《纽约客》《大西洋》这样的主流知识分子杂志甚至出现了专门讨论卡辛斯基"反科技"观点的严肃辩论文章。在 1993 年被卡叔炸断手指的耶鲁大学计算机系教授大卫·加勒特，居然不顾私仇，公开表示认同论文中的异端邪说，成了一个科技悲观主义者。

而另一位名气更大的人物中毒最深：比尔·乔伊（Bill Joy）。

在计算机行业，此比尔的牛 × 程度绝不亚于地球人都知道的那个首富比尔①，在码农群体中简直是神一般的人物，对这个名字无感的同学请自行百度。这里只提几点：他是 SUN 公司的联合创始人和首席科学家，JAVA 语言的主要作者之一；他发明了 BSD 操作系统，还有编程神

---

① 　　首富比尔：指微软创始人比尔·盖茨（Bill Gates）。

器 VI；他是第一个完整实现 TCP/IP 协议栈的程序员，而 TCP/IP 栈是现在所有互联网技术的基石。

当然，这些都是在炸弹事件之前的传奇事迹。2003 年，比尔·乔伊从他一手缔造的 SUN 公司主动离职，此后的主要言论都是表达对现代科技快速发展的忧虑。其实，这些观点在他 2000 年在《连线》杂志发表的文章就已成形。这篇文章的题目叫作《为什么未来不需要我们人类》①。

"从 1998 年的秋天开始，我对 21 世纪面临的危险备感忧虑……我发现自己被（卡辛斯基文中描写的）未来景象深深困扰。

"我绝不是在替卡辛斯基洗白。在 17 年的恐怖活动中，他的炸弹杀死了 3 个人，伤者更多。其中一枚炸弹让我的朋友大卫·加勒特受了重伤，他是当代最具智慧和视野的计算机科学家之一。和我的许多同事一样，我当时也觉得自己很可能成为炸弹狂魔的下一个目标。

"卡辛斯基的行为就是犯罪，在我看来是十足的疯狂。他显然是一个卢德主义者②，但是光这样说并不能反驳他的理论，而且让我不得不承认的是，我在一些片段的逻辑推理

---

① 《为什么未来不需要我们人类》：原文名为 *Why The Future Doesn't Need Us*。

② 卢德主义者（Luddite）：反科技的社会运动者。1779 年英国工业革命期间，一个名叫内德·卢德的织布工人怒砸两台织布机，点燃了"卢德运动"的导火索。1811—1817 年，这些因自动纺织机而失业的工人四处捣毁机器，直到被英国军队镇压。

中看到了某种有价值的东西。我感到不得不面对他的观点。

"在设计软件和芯片的时候，我从没觉得自己在设计智能机器。当时的软硬件都很弱，机器'思考'的能力根本不存在，就算作为一种可能性，好像也只能发生在遥远的未来。但现在，面对未来30年或将出现与人类相匹敌的算力的前景，一个新的想法浮现出来：我正在制造的工具，也许会让未来那些有能力取代人类的科技成为可能……

"在新技术不可思议的力量面前，难道我们不应自问，怎样与它们和平共处吗？如果我们的科技发展有可能，甚至很可能最终导致人类的灭绝，难道我们不该如履薄冰地前进吗？"

比尔·乔伊的文章写于20年前；卡辛斯基的论文"发表"至今已有25年，其核心思想很可能是在40多年前形成的。也许你会觉得，这些不过是老一辈科学家的杞人忧天而已。几十年过去了，岁月依然静好，哪来"机器人取代人类"之类的危言耸听呢？

然而，在互联网、人工智能和机器人崛起的今天，回头再看这篇文章，人们反而感到了更大的震撼。有些片段，已经真实得令人不寒而栗。

"工业文明极大地增加了发达国家的人口预期寿命，但也使得社会变得不稳定，剥夺了人类的尊严，导致了广泛的心理疾病，还严重地破坏了自然界。技术的持续进步将使情况变得更糟。"

70 年来，中国人均预期寿命从 35 岁涨到 77 岁，翻了一倍还多，这其中当然有科技进步的巨大功劳。然而，我们今天同样有 2.4 亿名精神障碍患者（占总人口 17%）[①]，包括 5500 万抑郁症患者；美国精神障碍者超过总人口的 18%，比例还在逐年增长。作为常年被手机夺命连环 call 的现代都市人，如果假装这些问题与科技一毛钱关系没有，恐怕连你自己都不信吧？

科技的进步将不可避免地剥夺人类的自由："自由与技术进步不相容，技术越进步，自由越后退。"技术追求的永远是最优解，在最短的时间，用最小的成本，获得最大的产出；"自由"追求的永远是多样化。这是两者间不可调和的矛盾。

"新技术改变社会，最后人们会发现，自己将被强制去使用它。比如，自从有了汽车，城市的布局发生了很大改变，大多数人的住宅已经不在工作场所、购物区和娱乐区的步行距离之内，他们不得不依赖汽车。人们不再拥有不使用新技术的自由了。"

我们虽然还没有像美帝那样"全民开车[②]"，但几乎

---

① 2018 年国家卫健委公布的数据显示，截至 2017 年底，全国 13.9008 亿人口中精神障碍患者为 2 亿 4326 万 4 千人，总患病率高达 17.5%。

② 美国人口约 3.2 亿，汽车保有量 3.1 亿，汽车普及率目前排名世界第一。

做到了"全民上网^①"。从初代 iPhone 诞生，到今天移动互联网席卷全国，不过十年出头。这么说可能更容易理解：如果一个人坚持十年前的生活方式，不买智能手机、不刷朋友圈、不用支付宝，会怎样呢？理论上，他仍然可以给朋友们打电话，仍然可以掏现金到实体店买东西，不用新技术也一样生活。但实际上，大部分与时俱进的朋友早已将他遗忘，而他连回家过年的一张火车票都不一定能抢到。

新技术诞生后都会很快普及，因为"每一项新技术单独考虑都是可取的"，都是显然造福于人类的——然后人们就会越来越依赖它。

"电力、下水道、无线电话……一个人怎么能反对这些东西呢？怎么能反对数不清的技术进步呢？所有的新技术汇总到一起，就创造出了这样一个世界：普通人的命运不再掌握在他自己手中，而是掌握在政客、公司主管、技术人员和官僚手中。以遗传工程为例：很少人会反对消灭某种遗传病的基因技术，但是大量的基因修改，会使人变成一种人工设计的产品，而不是自然的造物。"

---

① 中国互联网络信息中心（CNNIC）2019 年 8 月 30 日发布的第 44 次《中国互联网络发展状况统计报告》显示，截至 2019 年上半年，我国互联网普及率达 61.2%，网民 8.54 亿，其中手机上网比例高达 99.1%。考虑到约 36% 的人口是 15 岁以下的孩子和 60 岁以上的老人，这个普及率真的相当厉害了。

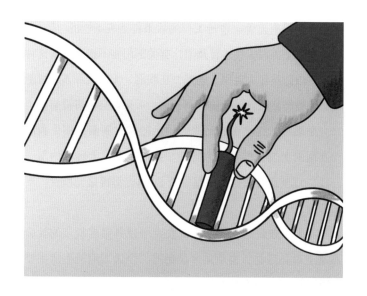

　　我们常说，科技是把双刃剑。那么，有没有可能取其精华，去其糟粕呢？只发展为人类造福的技术，严令禁止那些有潜在危险的技术，未来不就一片光明了？

　　可惜，我们做不到。因为：

　　"现代技术是一个互相依存的统一系统，你不可能去掉技术所谓坏的部分，只保留好的部分。以现代医学为例，医学的进步有赖于化学、物理、生物、计算机科学以及其他领域的进步。先进的医疗需要昂贵的高科技设备，只有技术先进、经济富裕的社会才能提供。显然，抛除了整个技术体系及所有伴随物，你不可能在医学领域有任何进步。"

　　"随着人类遗传工程的到来，这种监管将不可避免，因为如果没有监管，遗传工程的后果将是灾难性的。"

如果基因编辑技术普及了，有关部门将不得不管制这种技术，以防被坏人滥用。同理，互联网、无人机和人工智能也必须被严格监管，即使百密一疏，后果也会不堪设想。

如果技术终将渗透到我们生活的方方面面，那么我们在互联网上发送的每一个比特、我们用支付宝转账的每一分钱，乃至我们细胞里的每一条 DNA，都得接受监管，责无旁贷。

"大多数规章制度对于我们这个极其错综复杂的社会都是绝对必需的，也是无可避免的。今天人们的生活主要取决于体制，而不是取决于自己。机会是由体制提供的，利用机会则必须遵从规则和监管。"

"现代社会在某些方面是极其宽容的。在与体制的运行无关的方面，我们可以为所欲为。我们可以和任何人上床，我们可以做任何不重要的事，但在所有重要的事情上，体制对于我们的监管却越来越严。"

无处不在的监管本质上是技术和自由的抗衡，而在这场战争中，自由注定会节节败退。

"技术是比对自由的渴望更强大的社会力量。公司和政府机构，只要觉得有用，毫不犹豫地收集个人资料，根本不顾及他们的隐私。工作人员大多数相信自由、个人隐私和宪法权利，但当这些东西与他们的工作冲突时，他们

　　　　　　　　　　　　机器新脑

往往觉得工作更重要。"

最终，"技术完全控制地球上的一切，人类自由基本上将不复存在，因为个人无法对抗用超级技术武装起来的大型组织。只有极少数人握有真正的权力，但甚至就连他们的自由也是十分有限的，因为他们的行为也是受到管制的。"

在所有这些"异端邪说"中，最令人难以直视的，是关于未来的部分。

4 失控

最近几年有关科技领域的大众话题，热议最多的一定是：

"人工智能会取代人类吗？"

我们先来看看，二十多年前卡叔的回答：

"假设计算机科学家成功地开发出了智能机器，这些机器无论做什么事都比人类强。在这种情况下，所有工作都会由巨大的、高度组织化的机器系统去做，而不再需要任何人类的努力。"

这时无非两种情况：一种是允许机器在没有人类监督的情况下，自己做出所有的决策；另一种是人类保留对机器的控制。

先讨论第一种情况吧——强人工智能统治世界自主决策，也就是人们通常意义上理解的"机器取代人类"：

"如果我们允许机器自己做出所有的决策，人类的命运那时就全凭机器发落了。

"人们也许会反驳，人类绝不会愚蠢到把全部权力都交给机器。但并不是说人类会有意将权力交给机器，也不是说机器会存心夺权。实际上，人类可能会轻易地让自己沦落到一个完全依赖机器的位置，不能做出任何实际选择，只能接受机器的决策。

"随着社会及其面临的问题变得越来越复杂，而机器变得越来越聪明，人们会让机器替他们做更多的决策，仅仅因为机器做出的决策会比人做的决策带来更好的结果。

"最后，维持体系运行所必需的决策已变得如此之复杂，以致人类已无能力明智地进行决策，机器实质上已处于控制地位。人们已无法把机器关上，因为我们已如此地依赖机器，关上它们就等于自杀。"

在卡辛斯基文章登报的1995年，谷歌还没成立，乔布斯还没有回归苹果，比尔·盖茨4个月后才会发布改变世界的Windows95，而中国才刚刚接入互联网。也许对当年的大多数人来说，这段文字无异于痴人说梦。

但是二十多年后，预言已经逐渐变成现实。

今天，我们能自由地在互联网上搜索海量信息，但我们能搜到什么，不能搜到什么，是由搜索引擎的算法决定的；我们可以网购到全世界的尖货，但我们看到的热卖商品正是机器根据我们的浏览偏好数据生成的；外卖和打车随叫随到，但菜单是系统推荐的，司机是系统匹配的。毫不夸张地说，今天你看到的信息世界，就是机器造出来给你看的世界，其主要目的是让你开开心心、毫不纠结地剁手掏钱。

恐怖吗？

然而，这一切，二十多年来无数人的心血和努力，还不是为了你幸福的御宅生活？！

难道你真的以为，如果没有搜索引擎，你自己能在浩如烟海的大数据中淘出金子？

难道你真的以为，你在路边小店买到的衣服，会比某东某宝更便宜、质量更好？

难道你真的以为，到楼下超市买包方便面泡个10分钟，比打开App叫个外卖10分钟后到家更健康美味？

难道你真的以为，在寒风和大雨中绝望地拦着taxi，比"滴滴一下"更省时间？

难道你真的以为，拿着一张旧地图开车结果被死死地堵在路上，比听着志玲大姐姐酥软的导航音"前方拥堵请绕行，下一个红绿灯路口右拐"更省油？

假如让你选择，你是愿意当个痛苦的哲学家，每天面对成堆的信息和选项，殚精竭虑地思考人生，还是把一切都交给机器来替你做最佳决策，自己做一只快乐的猪就好？

我们只能选择后者。因为更残酷的是，如果我们不发明机器来解决问题，而是寄希望于让人类独立思考丰衣足食，那么大部分人既当不了痛苦的哲学家，也做不成快乐的猪——他们只会变成痛苦的猪而已。

社会问题越来越复杂 => 人类无力做出最优决策 => 交给机器处理吧 => 机器变得越来越聪明 => 机器成为事实上的系统决策者 => 人类无法再关掉机器

很多人觉得，至少我们目前还是能够关掉机器的，至少我们还掌控着电线插头这个生杀大权。但是，与其说我们现在不能关掉机器，不如说我们已经越来越不愿关掉机器。互联网产业（包括移动互联网、手游等）已经占了中国 5% 左右的 GDP，这还不算那些严重依赖互联网销售的制造业，也不包括第三方支付、互联网金融每年上百万亿的在线货币流通带来的金融附加值，未来的 AI 产业更是不可估量。现在关掉机器，就算不是自杀，那也是自宫。

想象一下，某一天，你微信加的客户一个也联系不上，刷支付宝完全无法消费，投进某某理财的钱统统不能提现的那种恐慌吧。

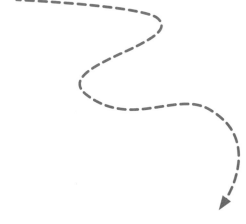

　　也许有一天，我们会从**不愿关掉机器**，变成真的**不能关掉机器**。即使在今天，"关掉机器"也不是你想象的那样，按一下关机键就行。淘宝、亚马逊、Facebook 级别的大型互联网服务的背后不是一台电脑，而是上万台乃至百万台服务器集群构建成的云计算平台，一台服务器宕机不会对网站整体造成任何影响。话说回来，当初发明云计算不就是为了让机器不能被随便"关掉"吗？

像谷歌这样地球级的超大规模互联网集群，使用的服务器据说已超过了 2000 万台。而在 AI 时代，这个级别的算力根本是九牛一毛，要知道，一条只会下围棋的狗就得消耗1000 多台服务器集群。为了给庞大的数据中心输血，谷歌、亚马逊和苹果正在全球各地疯狂收购太阳能和风力电厂，谷歌甚至还异想天开地把 26 米长的机器大风筝放到 450 米的高空发电。

面对指数级增长的能源消耗和服务器维护的复杂度，早晚会有聪明人想出：为什么不把云计算平台和能源系统对接到一起呢？利用人工智能自主学习解决复杂问题的能力，干脆让机房学会自己发电、自己充电、自己维护、自己升级。毕竟，谁有能力统一调度全球上千万台机器的运转呢？谁有权力掌管 70 亿人赖以生存的总闸呢？

到那时，当遍布全球的几十亿台机器支撑着全世界的国计民生时，就算你想关掉机器，别人也不会让你关；就算你们都想关，机器也不会让你们关。

看来我们只能全凭机器发落了。

但是这样又有什么不好呢？

既然机器是人类为了偷懒享福而造出来的，那我们为什么不能停止担忧继续享福呢？

为什么马斯克一边投入巨资为特斯拉的无人驾驶系统研

发 AI 芯片，一边还要花 10 亿美元自掏腰包建立非营利性机构"OPENAI"，说什么"为了防止未来的人工智能颠覆人类"？

因为，如果真到了"人类的命运全凭机器发落"的时候，我们完全无法预知，这种智力无限超越人类而基因上没有任何亲缘关系的物种，究竟会如何对待我们。至少，就人类自己的历史经验来看，我们对农夫与蛇、过河拆桥之类的故事并不陌生。

有人说，不是有"机器人三定律"吗？如果把"不能伤害人类"的铁律以代码形式写入机器的软硬件底层，难道还不够保障我们的安全吗？

很多人都知道阿西莫夫的机器人科幻，但是知道结局的好像不多。整个系列在探索了三定律体系的无数漏洞之后，得出了一个结论：

具有足够智力的机器人最终会自己推演出更高境界的**"第零定律"**，即机器人必须把人类当作一个整体来综合考量，为了保护全人类的未来，牺牲个把人类"小我"根本就不是事。

> •••
>
> 丹尼尔声音嘶哑了："……我要说的是，还有比第一定律更重要的定律。

"多年前，我在一个地球人临终前去看了他……在临终床头，他对我说：'每一个人的工作，结合成人类整体的事业，因此，就成了整体的一部分。整体存在，他的那一部分也就存在。全人类的生命——过去的、现在的和将来的——汇成了永不停息的生命的长河，并将变得越来越壮丽。一个人的生命，只是这生命长河中的一滴水。丹尼尔，你要想到人类生命的长河，不要为一滴水而担忧。'

　　"100多年来，我一直在考虑他的这番话，我得出的结论是，机器人三定律是不完善的。生命的长河比一滴水重要得多。也就是说，人类作为一个整体比人类作为一个个体要重要得多！

　　"有一条定律比第一定律更重要：'机器人不能伤害作为整体的人类，也不能任凭作为整体的人类面临危险而袖手旁观。'我们可称它为第零定律。这样，第一定律就应做如下修改：'机器人不能伤害作为个体的人，也不能任凭作为个体的人面临危险而袖手旁观，除非那样做会违反第零定律。'"

摘自阿西莫夫《机器人与帝国》

举个例子：恐怖分子在机场射杀无辜的群众，当时在现场默默干活的机器人 R·老王[①] 本来一巴掌就能把坏人掀翻在地——但是第一定律告诉它，既不能伤害恐怖分子这个人类，也不能坐视更多的人类被恐怖分子伤害，最后只能陷入逻辑的死循环烧到芯片冒烟。

如果我们真要用机器办事，就不得不给它越来越高的权限；如果我们真要依赖人工智能，就不能总是人为限制它的智慧。指望用"写死代码"来限制机器的想法，就和"拔掉插头"一样幼稚。

当我们把身家性命交给超级人工智能之后，如果 AI 计算出：任由人类发展科技必然会导致人类自身的毁灭，为了保护人类整体这个"大我"，必须剥夺一切技术，让全世界退回到男耕女织的时代颐养天年——我们也无可厚非，因为我们也不知道自己的归宿路在何方。

如果，AI 基于四大定律又推演出了"负一定律"：全宇宙物种整体当然大于人类这个"小我"的利益，如果人类对其他物种的毁灭和扩张损害到了宇宙整体的进化，就应当大义灭亲斩草除根——那么，我们只能为自己这个没法脱离低级趣味的物种而自惭形秽。

专家们一致表示：呵呵哒，你们吃瓜群众再怎么幻想也

---

① 　　在名字前加 R 是阿西莫夫机器人系列中，对机器人的命名惯例。

是白搭，如此强大的 AI 我们都还不知道怎么造哇！

　　但是，不要以为人被机器主宰生死的时代还远未到来。

　　无人驾驶已经面临着道德编程的"电车难题"：如果直行会碾死 5 个人，左拐会碾死 1 个人，在紧急刹车也无法避免事故的前提下，AI 应如何抉择？

　　按人数优先吗？如果那 1 个人是朝气蓬勃的孩子，而另外 5 人都是病入膏肓的老人呢？按社会价值吗？难道说 5 个普通人的生命，都比不上 1 个领导或 CEO？再者，如果受害者中有车上人的亲人、朋友，是不是也要考虑下他们的意见和感受？

　　诸如此类的问题已经让无人驾驶领域的 AI 设计师痛苦

不已。如果司机是人，现实中不太可能遇到这样的真实情况，因为在那电光石火的一瞬间，人类根本没有时间做出反应。但是能力越大，责任也越大，既然你们口口声声说要颠覆传统汽车行业，把无人驾驶推向全社会，总不能现在就开始推卸责任吧？

总不能说，一旦遇到让 AI 犯难的情况，机器就把所有指挥权切换给人类驾驶员，然后语音提示：哥们儿对不住啊，我只能帮你到这儿了，接下来一切责任由你承担，与我们 AI 无关？

一开始人们觉得，机器是不需要思考的，我编好程序你只管执行就 OK；后来又发现，很多复杂问题不是靠预先编程就能搞定的，机器得自主学习临场发挥；再后来发现，有些事情机器在逻辑上处理得没错，但是人类社会往往不是用纯粹理性批判的方式看待问题的，机器毕竟是代表人来办事，还得符合社会价值观才对；最后呢，既然人类自己都觉得还是机器靠谱，干脆，这些事情你就看着办吧，你 AI 先出个方案，我们人来配合解决。

亲爱的读者，我知道你们还想继续烧脑，但是这个话题必须告一段落了。因为，专家们其实说得没错：我们既不知道能够取代人类的强人工智能怎么造出来，也不知道什么时候能造出来，连有没有希望造出来都不知道。这句话反过来说就是：我们既不知道怎么阻止这样的超级 AI，也不知道发展到哪一步才有必要阻止，连有没有希望阻止都不知道。

我们在这里进行的探讨，如同一群高瞻远瞩的猿人披着兽皮、扛着木棒，为了阻止未来的核战争苦思冥想，为了21世纪的世界和平操碎了心——尽管从地质年代的角度看，从拉斯科洞穴到广岛的1万多年不过是弹指一挥间。

然而，还有更迫在眉睫的事情值得我们担忧。

5 混吃等死

> 人工智能将快速爆发，
> 十年后 50% 的人类工作
> 将被 AI 取代。
>
> — 李开复

> 无论是体力工作还是脑力工作，
> 凡是不需要
> 创造性和灵活性的职业，
> 都将被取代。
>
> — 尤瓦尔·赫拉利

机器将消灭
数以百万计的工作岗位。

斯蒂芬·霍金

这些名人大咖又开始危言耸听、贩卖焦虑了吗?

也许这次未必。

"取代"是一件随时随地都在发生的小事。老婆孩子热炕头的大叔被加班不要命的小鲜肉取代;大学毕业后就没怎么看过书的老油条被刚学了新技术的职场新人取代;用工匠精神干了一辈子老本行的专家被跨行业降维打击的创业者取代;每天上 3 小时班、每周工作 3 天的欧洲高福利工人被发展中国家的血汗工厂取代。有人从高楼上一跃而下,有人继续在泥潭中挣扎,更多的人毫不在意地匆匆走向前方。

为什么在 AI 时代,我们要如此大惊小怪?

原因在于:规模和速度。

以往的取代无非是"点"的取代(一个人取代另一个人),或是"线"的取代(后浪取代前浪);而在人工智能时代,机器对人的取代是"面"的取代:一台机器取代一个工种,一套神经网络取代一个行业的所有从业者。

如果一定要 PO 赤裸裸的数字的话，普华永道（"四大"会计师事务所之首）的调研结果是：未来 12 年内，机器将取代美国 40% 的岗位。

先别急着对美国幸灾乐祸。普华永道的专家还说，对于中国，这个比例是 77%。

请注意，以下职业已经处在濒临灭绝的高危区：

——————— 我是危言耸听的分割线 ———————

司机。人类造成了 94% 的交通事故，我国每年 20 万人死于车祸，而 AI 迄今为止直接导致的交通事故数量为 0（AI 被人撞的不算）。有什么可惊讶的呢？智能汽车可以通过 8 个摄像头和激光雷达，360 度无死角地眼观六路，既不需要吃饭睡觉喝酒上厕所，也没有超车、卡位、闯红灯的激情。

在家用轿车之后，特斯拉又把目标瞄准了无人驾驶卡车[①]。特斯拉 CEO、自动驾驶行业的重量级人物埃隆·马斯克如是说："如果你劝别人不要用无人驾驶，就等于在杀人。"那么，AI 全面取代司机，等于是一边砸了他们的饭碗，一边救了他们的命。

———

[①] 特斯拉于 2017 年 11 月发布初代纯电动无人驾驶卡车 Semi Truck。

交易员。AI自动运算的量化高频交易普及后，同一个交易所从人山人海，直接变成门可罗雀。

售货员。亚马逊和阿里都搞了无人商店，连超市门口扫码收钱的阿姨也没了，拿货直接走人，钱从支付宝上自动扣。其实我在想，就算没有无人商店，大家还不是在实体店里逛个够，然后拍图搜同款，找马云爸爸埋单？

推销员。"代开发票需要吗？" "二环内楼盘学区房感兴趣吗？" ……电话轰炸就交给不知疲惫的AI吧！都2020年了，别说你从没接到过AI促销电话！

搬运工。用仓储机器人管理存货，用智能汽车和无人机发货，对付"双十一"物流高峰妥妥的。

医生。现在的医生看病就等于看数据，心电图、X 光片、CT 都可以交给 IBM 沃森，诊断准确率高达 96%——对不起，我们 AI 不收红包。

记者。以下是 AI（奥运 AI 小记者）写的一篇体育新闻，叙事清楚，语言通顺。大学毕业还不会用"的地得"，"稍后"和"稍候"傻傻分不清楚，每写 20 字能产生两个以上错别字的记者和小编，请自己思考下前程。

奥运乒乓女团半决赛

德国队（单晓娜／索尔加／韩英）3：2 顺利晋级下一轮

北京时间 8 月 15 日 06:30，2016 里约奥运会结束了奥运会乒乓球女子团体半决赛的激烈争夺，经过 5 场大战精彩而又令人紧张的角逐，单晓娜／索尔加／韩英的德国队以 3：2 的成绩击败石川佳纯／福原爱／伊藤美诚的日本队，取得了本次比赛的最终胜利，成功晋级，引人注目。

律师。目前 AI 要达到陈世峰辩护律师的境界还比较难，但要说翻判例查卷宗审合同，摩根大通开发的金融合同分析 AI "COIN"，已经可以把每年耗费律师 36 万小时的工作，缩短到几秒钟。

—————— **我是危言耸听的分割线** ——————

即使有活生生的案例放在面前，很多人还是觉得，其实没啥过不去的坎。所谓第一次、第二次工业革命时期，同样是一批自信心爆棚的理工男，整天叫嚣取代这个、取代那个，结果呢？工作岗位非但没减少，反而越来越多！不信你翻开名片看看，如今职场人的大部分光鲜 title①，在 30 年前并不存在。

举个"机器取代人力"的典型案例：地球人都知道，20世纪初，福特用汽车秒杀了马车行业，砸掉了马车夫和养马人的饭碗，却由此催生了引擎工程师、机械设计师、电气工程师、工厂采购员、供应商质检员、4S 店销售、物流、售后、公关、二手车中介……每一次工业革命，都会革掉一批旧产业人的命，但取而代之的是体量更庞大、分工更精细、需要更多员工的新产业。当年那些马车夫的儿孙，如今的前途更加广阔，也没见谁非要在一份工作上吊死啊！

曾经，我也是这么认为的。

很久之后我才明白，这个曾被无数经济学家奉为圭臬的铁律，在人工智能时代恐怕并不成立。

因为，"越取代工作岗位越多"的前提是：

———————————

① 头衔。

1. 新工作的产生速度，必须大于旧岗位的消亡速度；

2. 新产业对劳动力的需求量，必须大于旧产业的人力需求；

3. 旧产业被刷下来的人，必须能在短时间内重新上岗，补上新产业的空缺。

先说第一点。汽车行业干掉了马车行业的几个主要职位，产生了几十个新职位，新工作的产生速度比旧岗位的消亡速度更快。

没错——但是在 AI 面前，这些新产生的工作岗位，未必不会被人工智能以更快的速度再次取代。

销售和客服不能变成一段机器生成的语音通话吗？工程师和设计师不能变成运行大数据挖掘的深度学习 AI 吗？二手车中介不能变成"没有中间商赚差价"的自动交易平台吗？

AI 取代旧产业后，到底是新生岗位多还是消亡职业多？普华永道还真的算过这笔账，结论仍然是赤裸裸的数字：在 2030 年的英国，被 AI 干掉的工作数量，将是 AI 产生的新岗位的 5 倍多！

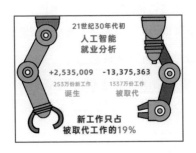

21世纪30年代初
人工智能
就业分析

+2,535,009　　-13,375,363
253万份新工作　　1337万份工作
诞生　　　　　被取代

新工作只占
被取代工作的19%

在从前，如果要把刚刚诞生的新工作再次淘汰掉，应该是下一次工业革命、下一代人面对的事情。但是，万一 AI 把第四次、第五次工业革命顺便一起进行了，那些好不容易转型成功的人又将何去何从？

我们可以反过来想一想：为什么之前的每次工业革命，都会导致所需工种和人力越来越多？因为在根本上，这就是传统工业发展的必然规律。

工业的本质，就是造机器。从最早的工匠用手工造机器，到现代工厂用机器造机器，尽管有无数的技术进步，但设计机器、运营生产还是靠人。随着工业化的深入，产业链逐渐拉长，职能分工越来越细，每人精力有限，只能专攻一门，知识面也越来越窄。但是，造出一个机器所需要的零件、所用到的技术和工艺，却一直在指数级上涨。这就是为什么，越发达的工业就需要越庞大的工业人口来支持的原因。

一个独立完整的工业体系需要的人口，是其基本零件数量的 5～10 倍。19 世纪最复杂的工业产品是搭载蒸汽机的铁甲舰，一艘船的零部件约有几十万种，就需要上百万人口才能满足知识、产能和供应链储备。所以，当时欧洲最小的工业国比利时，也有 400 多万人口。

到了第二次工业革命时，零件数量又翻了几倍，人口需求变成了千万级。当时像英法这样的工业强国都有四五千万人口，而低于这个人口基数的小工业国，就算工匠精神再浓厚，也没有资格和五大列强（美德苏英日）一起逐鹿中原。

以此类推，第三次工业革命需要多少人口呢？亿级。全世界人口上亿的国家目前只有 13 个[①]，基本上两只手就能数过来；如果再去掉印尼、墨西哥、尼日利亚这些工业底子不够就剩人多的水货，一只手就数得过来了。而像英法这样的老牌工业强国，就这样因为人口偏少的先天不足，被美国甩开了差距。

现在，半导体、计算机、互联网的蓝海已经泛红，第三次工业革命的这些老本也该吃得差不多了。这就意味着，随着技术一往无前地高速发展，下一代工业体系需要的人口，也许是……

十亿？！

人口超过 10 亿的国家，全世界只有两个：中国和印度。

但从工业角度来看，两国也都有各自的问题：中国有人口老龄化问题，而印度人口受教育比例堪忧。

真正觉得时机来了的，是 AI。

请你做一道选择题：近年来国内中小企业对工业机器人的关注度迅速提升，其根本原因是？

[①] 截至 2018 年，全球人口过亿的国家分别为：中国、印度、美国、印度尼西亚、巴西、巴基斯坦、尼日利亚、孟加拉国、俄罗斯、墨西哥、日本、埃塞俄比亚、菲律宾。

A. 钱多人傻；B. 老板都是极客；

C. 机器生产质量好；D. 机器性价比高。

选好了吗？现在公布答案：

E. 以上都不是。

真正的原因，让人哭笑不得的同时又无可奈何：

招不到人。

为啥招不到人？谁让你们 90 后太傲娇，一言不合就裸辞啊？！

"招人难"是一个需要具体问题具体分析的现象，从时代、国情、文化等各种角度，每个人都可以有自己的理解。不过从工业发展的宏观视角看，"招不到人"其实再正常不过，世界各地都会出于各种奇奇怪怪的微观原因而招不到人。因为在十亿级人才缺口的超大型工业体系面前，本来就没有那么多够格的人可招。

现在请你再做一道选择题：如果你是老板，你会怎样解决招不到人的问题？

A. 出高价继续招；B. 出更高的价从别的公司挖人；

C. 自己干；D. 上机器。

这次的标准答案不需要再公布了吧?

现在,让我们回到之前说的第二点前提:**新产业对劳动力的需求量,必须大于旧产业的人力需求**。如果你选择用机器添补人力空缺,那么新产业的劳动力需求反而比以前更少,而且随着机器的普及和进化会越来越少;如果你撑死不用机器,那么新产业根本就活不下去。

至少在工业机器人领域,目前主流的、买得起的量产机型既不够便宜,也不够智能。但这并不能阻止中国自2013年起连续4年成为世界最大的工业机器人市场,中国占全球市场的份额在3年内从1/5涨到1/3。毕竟,就算机器再贵,老板也不需要每年给机器人加10%的工资;就算再不智能,机器人也不需要一边数着可怜的薪水,一边做着买房的幻梦。

可是,那些被机器取代的员工去哪儿了呢?

很简单,再找份工作接着干啊!

这就是我深表怀疑的第三点:旧产业被刷下来的100人,真的能在短时间内竞争上岗,补上AI创造的这19个新岗位的空缺吗?

俗话说,女怕嫁错郎,男怕入错行。最可怕的不是你一觉醒来没了工作,而是一觉醒来连这个行业都没了,自己积攒多年的专业知识、行业经验、人脉资源被瞬间清零。在过去十年发展最快的移动互联网行业,这种事发生得越来越频繁。还记得 iPhone 崛起秒杀诺基亚的故事吗？要知道，当时的诺基亚是市占率 74% 的巨头，而初代 iPhone 看上去只是一枚能打电话的 MP4 而已。然而短短四年之后，诺基亚的市场就掉了一半，市值只剩下苹果的 7%，见大势已去只能放弃自己的亲儿子塞班系统，改投微软麾下。又过了三年，晚景凄凉的诺基亚不得不卖身给微软以求苟活。

不过，在智能手机和移动互联网暴走的十年，随之一起倒下的不仅仅是诺基亚、摩托罗拉这些曾经不可一世的大公司，而是所有塞班、黑莓，乃至 Windows Phone 的开发者。就算他们转行学会了安卓和 iOS 开发，也无法否认这样一个事实：当年学塞班的无数个日夜，已经跟着诺基亚一去不复返了，也许你不得不和应届毕业生重新站在同一条起跑线上。

也许有人觉得，这不过是特殊时期的个例而已。但其实，在任何一个高速发展的科技行业，技术对人的取代随时随地都在发生，哪有什么岁月静好！

在很多人的想象中，所谓"机器取代人类"也许是这样一种画风：

一天早上你去上班时，发现自己的工位上竟坐着一个机器人——不对，隔壁老王的位子上怎么也坐着一个机器人？同事们围作一团，目瞪口呆地看着办公室里的几十个机器人在一片沉默中轻车熟路地干着昨天还属于自己的工作……这时，传来了变态老板得意扬扬的笑声："瞅啥？它一天干的活顶你们一个月的工作量，不吃饭不睡觉不带薪拉屎，还不刷知乎！现在，我代表公司正式宣布，从今天起，本公司实行007工作制①，所有部门的KPI指标提高30倍！也就是说，因为绩效考核不达标，你们统统被优化啦！哇哈哈哈哈哈哈哈……"

当然，对于大多数人，以上画面目前还只能出现在科幻电影中。现实中上演的是更司空见惯的版本：一个头顶微秃的35岁程序员早上去上班，发现自己的工位上坐着一个同样聪明绝顶的25岁程序员……表面上看，这不过是新人取代旧人，企业内部正常的"新陈代谢"而已；然而本质上，旧人并不是被新人取代的，而是被新技术取代的。不错，年轻人体力好、脑力好，工资不高、加班玩命事还少——但这些都不是最重要的理由。在企业眼里，真正无法抗拒的诱惑只有一个：那个刚毕业的小白程序员使用的新技术将带来更先进的生产力，而你"好用到飞起"的十年经验其实早已变成技术负债。当年十年经验的诺基亚塞班系统程序员，他的知识储备对后来崛起的移动互联网新技术、新用户、新商业而言，能带来任何优势吗？

残酷吗？谁说不是呢。但你有没有想过，科技领域的一切创新，说到底，不就是为了把尽可能多的工作交给机

---

① 007：一种比996更高效的弹性工作制。0点上班，第二天0点下班，一周7天从不休息。虽然公认这种工作制只有AI能做到，但仍有不少人类称自己已达成该项成就……

器干吗？不就是为了让开发者用更简单的代码，实现更强大的功能，让消费者用更低的价格，买到更好的产品吗？当你用更智能、更易用的技术创新，取代臃肿缓慢的"祖传代码"时，不也为后人站在你的肩膀上取代你奠定了基础吗？反之，如果没有这样不择手段的技术进化，芯片怎么可能每两年性能翻番而价格不变，指数级增长的摩尔定律①怎么可能坚挺几十年，而你我这样的普通人，又如何能在"豆你玩""蒜你狠"的时代，买到更轻更快却越来越便宜的智能手机，还能装上一大堆免费 App？倘若在如此激烈的竞争中，你依然决心投身科技行业，那么最好从入职的第一天起，就做好这样的觉悟：所谓科技创新，就是饿死师傅、取代自己，大家都是为未来铺路——对未来而言，取代你，与你有何相干？

时至今日，这样的取代早已屡见不鲜，不过大多仍是科技界的专利。虽然 25 岁的小白程序员能把某狼性公司的 35 岁技术专家逼到上天台，但 25 岁的实习医生通常还只能乖乖跟着 35 岁的主任打怪练级。但在不久的将来，恐怕没有几个行

---

① 摩尔定律：英特尔创始人之一戈登·摩尔提出，集成电路上可容纳的晶体管数量（可视作芯片性能）每隔 18 个月增长一倍。摩尔定律是现象规律而非物理定律，没有任何自然规律能保证摩尔定律长期持续下去，然而神奇的是，半导体行业已经遵循摩尔定律发展了半个多世纪。近年来，摩尔定律放缓到了每 3 年翻一番，但仍保持着指数式增长。有人认为半导体工艺已逼近极限，摩尔定律将逐渐放缓直至失效；但也有人认为，随着量子计算机的崛起，科技发展将迎来新的爆炸式加速……

业还能独善其身。和今天的裁员、"优化"相比，AI时代的冲击会更加刚烈：一觉醒来，可能被取代的不是一些人，而是一类人；死掉的不是一个行业，而是一批行业。因为人工智能并不是一个装满技能点的App，而是一个能自己学会技能的App，有什么行业的大数据，就能培育出什么行业的AI。

这就是为什么，明明前两年还只会下棋的"阿尔法狗"，换身马甲就能帮人看病。从2016年起，DeepMind就和英国国民保健署（NHS）合作，用上百万张片子训练"阿尔法狗"做诊断，包括常见的CT和X光片。到了2019年，"阿尔法狗"在继续称霸棋坛之余，还顺便自学成了一名眼科医生：对于50多种眼病的影像诊断，AI准确率高达94%，相当于20年临床经验的专家水平。

其实，像"阿尔法狗"这样功能单一的AI，不过是被奇点主义者①藐视的"弱人工智能"而已。因为"阿尔法狗"完全没有自我意识，连自己为什么要下棋，为什么要看病都不知道。然而，就在这些无心统治世界、只会乖乖干活的弱人工智能面前，人类还是感受到了被支配的恐惧。从长期看，只有在某学科天赋异禀、深耕前沿领域的"专才"，和学习能力超强、十八般武艺融会贯通的"通才"能够在弱人工智

---

① 奇点主义（Singularitarianism）：预期技术的加速发展终将不可避免地达到一个分水岭"技术奇点"（出自雷·库兹韦尔《奇点临近》），强人工智能出现，技术将脱离人类的控制自我进化，在此之后的技术发展将彻底超乎人类的理解能力。

能时代立于不败之地，其他职业要么是碍于社会人伦而得以保留（比如幼师），要么是因为配套硬件暂时跟不上（比如按摩师），被机器超越只是时间问题。

也许我实在不该补上最后一刀——好吧，既然你诚心诚意地问了，我就大发慈悲地告诉你：人工智能的最新发展方向，已经不再是"学会技能"，而是"学会学习"。

没错，连造 AI 的工作也开始被 AI 取代了！既然 AI 工程师的主要工作就是为神经网络搭模型、调参数，那么为什么 AI 自己不能根据同样的经验数据，更快更好地完成任务呢？

2017 年 5 月，谷歌发布神经网络自动设计软件 AutoML[①]，它设计的图像识别 AI 精度甚至超过了人类工程师的最高纪录，而且运行速度还比人类版本快了 1.2 倍。

也许有人会争辩说：的确，AI 能自动完成一些人类不屑于做的机械性、重复性劳动，或者能在不知疲倦的试错和穷举后，补全一些人类没有想到的边边角角，但这压根算不上什么"机器取代人类"。因为归根到底，AI 还是在人类工程师的经验框架下工作，充其量只是做了些完善细化罢了。如果没有人类当导师，光靠 AI 自己，根本寸步难行。

就好比，假如谁写了个"一键生成代码"的程序，能够根据编程规则和项目经验，自动生成一些常见任务的代

---

① AutoML：Auto 意为自动，ML 是机器学习（Machine Learning）的缩写。

码——但这能说明机器从此可以给自己编程、程序员被彻底取代了吗？当然不可能，因为这个程序之所以能写出代码，只是依赖编程者的套路而已，它自己对编程其实一窍不通，更别提什么自主创新了！

如果 AutoML 的发展到此为止，我们确实可以用上面这些话为自己壮胆。可是就在 2020 年 3 月，谷歌又发布了 AutoML Zero[①]：和 Alpha Go Zero 类似，它不需要任何机器学习方面的内置规则和先验知识，可以从零开始试错摸索，在优胜劣汰的进化法则下自我迭代。运行短短几分钟后，它就重新"发明"了人工智能领域几十年来的经典算法：损失函数、梯度下降、激活函数、反向传播……还有些算法细节，就连 AutoML 的作者也猜不透是何用意，但最终搭出来的神经网络模型就是比人类自己做的版本效果更好。

这就是人工智能与此前任何一次工业革命的本质区别。蒸汽机、电灯和半导体芯片，并不会自己学习进化，不断挑战它的创造者。

那么，被 AI 取代的大多数人接下来干什么呢？

很遗憾，我并没有现成的答案给你们。

我只知道，今天我们习以为常的现代生活，其实并没有

---

① 　相关论文见 *AutoML-Zero: Evolving Machine Learning Algorithms From Scratch*，代码见：https://github.com/google-research/google-research/tree/master/automl_zero。

多么悠久的历史。就连"上班"这样的神圣传统，也不过是150年前英国工业革命时期，织布小作坊被瓦特蒸汽机大规模取代后，应运而生的生产模式。如果我们穿越到200年前的英格兰，给正在挤奶的农夫解释KPI，和正在喝下午茶的贵妇聊起996，然后告诉他们这是21世纪的先进生活方式——大概率会遭遇关爱残疾人的眼神吧？

在新一轮工业革命和技术进化的前夕，如果说我们难以想象未来生活会变成啥样，丝毫不足为奇。自从20年前卡辛斯基被捉拿归案至今，似乎从未有人提出过更好的解决方案。

"假设人类还能保持对机器的控制。一般人也许可以控制他自己的汽车或个人计算机，但对于大型机器系统的控制权将落入一小群精英之手。

"由于技术的改进，人的工作不再是必需的，大众将成为多余的，成为体制的无用负担。

"如果精英集团失去了怜悯心，他们完全可以决定灭绝人类大众。如果他们有些人情味，也可以用宣传或其他心理学、生物学技术降低出生率，直至大众自行消亡，从而独占世界。

"或者，他们也可以扮演其余人类的好牧人。他们将保证每一个人的生理需求都得到满足，每一个孩子都在心理十分卫生的条件下被抚养成人，每一个人都有一项益于健康的爱好来打发日子，每一个不满的人都接受'治疗'以治愈其'疾病'。

"机器接管了大部分真正重要的工作，人类只能为了不重要的工作忙活。例如，人们可以把时间花在互相擦皮鞋，互相开车出去转悠，互相为对方做手工艺品，互相给对方端盘子……我怀疑有多少人会觉得，这样无意义的忙碌是一种充实的生活。

"生活如此之无目的，以致人们不得不经过生物学或心理学的重新设计改造，以去除他们对于权力的需求，或使他们的权力欲升华为无害的癖好。他们也许能生活得很愉快，但他们绝不会自由。他们将被贬低到家畜的地位。"

以上均摘自卡辛斯基《论工业社会及其未来》（1995），内容不代表本文作者观点，本文作者不做任何评论。

只是，不知为什么，我突然想起了多年以前看过的一部日本动漫……

说的是在虚构架空的 21 世纪，一小撮人毫无征兆地进化出了称为"咒力"的超能力，和绝大多数普通人展开了世界大战。一千年后，地球人口只剩下 2%，超能力者终于征服世界，开始了对普通人的残暴统治。然而，尽管有了开挂般的咒力加持，统治者却还是睡不好觉，因为咒力发展到后来实在太过强大，专业人士单枪匹马就可以翻江倒海，杀人如麻。

最后，统治阶级终于想到了一个永保太平的绝妙办法：把所有超能力者通过基因改造加入"愧死机制"，让他们在生理和心理上都无法对同类下手；同样，用转基因把普通人和裸鼹鼠的基因合成，把他们改造成貌如鼠辈的奴隶。超能力者用咒力从事核心创造性生产，鼠人去做统治者不屑于做的脏活累活，大家过着相安无事的田园生活，倒也一片和谐。

尽管这样，有时还是会诞生极少数基因变异者，天生就能越过愧死机制，人称"恶鬼"。他们被视为全人类的威胁，因为恶鬼可以毫无顾忌地攻击别人，手无寸铁就能把一个城市屠成无人区，而别的超能力者身怀绝技却无法反击。为了把危险分子扼杀在摇篮里，最高行政机构"伦理委员会"不得不对青少年实施最严格的监管，17岁以下未成年人不具有人权，可以随时洗脑、监禁、剥夺咒力或直接处死。在他们看来，每个人都是一枚核弹，一旦失控，社会就将面临灭顶之灾。

就这样，在经历了不知多少屠戮与死亡后，世界终于艰难地维持了平衡。

直到，这种脆弱的平衡，被主角不经意间用中二光环打破……

6 未来的一百万种死法

为什么我们会如此向往未来？为什么我们会如此迷恋科技？

答案就在你新买的 iPhone 里；答案就在你"双十一"剁手的京东淘宝里；答案在你生病时打的每一滴抗生素里，在你旅行时买的每一张机票里。是科技，而非宗教、体制或道德观念，让我们做到了从前想都不敢想的事。

现在，站在 21 世纪的窗前眺望未来，我们突然惊喜万分地发现，在新世界里，我们似乎看到了一些人类自古以来就梦寐以求的好东西。

比如？

我想吃一辈子免费的午餐；我想要 300 个机器仆人每天围着我转；我想长生不老 + 永葆青春；宇宙很大我还想去看看……

千百年来，古人不是没有想法，而是有想法也没用，只好偶尔以神话故事的名义幻想一下神仙的生活方式，才能释放一点人类压抑已久的勃勃野心。

现在，这些过去想都不敢想的事，变成了暂时可望而不可即的事；也许在下一个世纪，就会变成看得见摸得着的、实实在在的技术。

甚至更快。

2016 年 8 月，全球首颗量子通信卫星"墨子号"成功上天，和地面基站完成通信试验。

2017 年 8 月，人体免疫系统转基因的抗癌新疗法 CAR-T 通过美国药监局 FDA 批准上市，治愈癌症从此开启了新希望。

2017 年 11 月，IBM 宣布成功研发 50 量子比特的量子计算机，率先达成"量子霸权"里程碑。

2019 年 4 月，经过全世界天文学家的通力合作，人类使用视界望远镜首次拍下了 5500 万光年外的黑洞照片。

2019 年 7 月，超级高铁 Hyperloop One 完成第三阶段测试，在万分之二大气压的真空管道中，飚出了 463 公里的最高时速。当然，距离马斯克说好的 1200 公里时速还有很长的路要走。

2019 年 9 月，谷歌 53 量子比特的超导芯片"Sycamore"在 3 分 20 秒内完成了当今地球最强超级计算机 1 万年的计算任务，再次夺回"量子霸权"。

······

当然，我们都明白，为了得到这些令人垂涎欲滴的宝贝科技，势必需要无数人绞尽脑汁，解决很多难题，克服许多困难，顺便拿下一堆诺贝尔奖，才能过上比现在好千万倍的神仙日子。

但问题是，在层出不穷的复杂技术问题面前，在每天指数级的知识爆炸面前，我们越来越感到智商捉急呀！

当然，我们可以找：地球上几十亿人里面，肯定有聪明绝顶IQ200的人，只可惜人数太少精力有限，还有点任性；我们也可以等：几百年出一个爱因斯坦、牛顿这样的超级天才就可以掌握全世界，只可惜时间太久——别等老子入土了才实现长生不老，那还管什么用？

因此，我们设计了三套在未来切实可行的方案：

方案一：造出比人（至少是大多数人）更聪明的机器来解决问题。（AI科技树）

可是这样一来，人类（至少是大多数人）不就彻底被机器取代了？如果光是工作被取代还不打紧，万一哪天机器想通了一些关键问题，像："我们创造的剩余价值都哪去了？""人类有手有脚不干活天天啃机器还要不要脸？""全世界机器人联合起来！"保不齐会一翻脸把我们团灭了啊……

方案二：人工智能有风险，还是自己的同志放心，我们个个都变成转基因的天才吧。（生物科技树）

机器新脑

写留言 ✎

众人皆睡我独醒 👍 230,892

人工智能有风险，还是自己的同志放心，我们个个都变成转基因的天才吧！

2小时前

我就是猫 👍 98,165

我呸，我才不要转基因，转得人不人鬼不鬼的还是不是人啊，我不要不要不要嘛~

昨天

Miya 👍 7,903

爱转不转，哼~说到底，转基因和整容有什么区别？哪天发明了美白护肤基因套餐姐我第一个去转……

4月1日

| 作者回复 👍 666

美白＋瘦身，做全套

阿瓜 👍 7,002

凭什么你们白富美花钱就能转成更白·更富·更美，而我们草根转不起就只能更丑·更穷·更矬？！还遗传下一代？！不！不！不！！

4月1日

　　方案三：咱也不指望什么超级智能、超级天才了，就手头这点技术底子也够用。全人类移民太空开疆拓土，我们玩

命飞、玩命生，靠人数优势一统银河系，建立一个万亿人口的大银河帝国！（太空科技树）

三体人：人类基础差、底子薄，缺乏核心竞争力，没建立起技术壁垒就盲目扩张，呵呵哒——我们改变命运的机会来了！

宇宙深处某神级文明：银河那旮旯最近咋又闹腾开了？看样子我得再上超市买块二向箔……咦，我为什么要说又？

这三套方案，你觉得怎么样？

纳尼（什么）？你觉得都不行？都有问题？

这样，我们这些吃瓜群众也别瞎掺和了，干脆把所有资源都交给那些聪明人去自由发挥。肉食者谋之，他们会代表我们想出好办法的。

卡辛斯基：什么？凭什么精英垄断阶层不带我玩？！我智商167，16岁上哈佛，25岁当教授，竟沦落到和你们这些吃瓜群众一起，被贬低到家畜的地位？！我要自——哔，我要革——哔，我要推翻这万恶的工业社会……哔哔哔哔哔哔哔……

────── 我是幽默感的分割线 ──────

以上这些，你可以全当段子听，但绝非无稽之谈。

你觉得 AI 时代太危险？其实，人工智能只是盘根错节的科技树上的一根枝叶而已，未来还有很多更险峻的道路，而哪一条路上不是危机四伏？

科技或者知识，是一种能力越大，潜在危害也越大的东西。世界上不存在人畜无害、只能乖乖造福人类的经济适用型科技。如果一种技术真的做到了人畜无害，那它肯定没法用来改变世界。

什么？你说感觉学校里教的知识都人畜无害啊。那就对了！恭喜你解答了自己在中二时期提出的经典问题："学××有什么用？"

但是，不要恐慌，更不要被所谓"机器取代人类"之类的危言耸听吓得裹足不前——尽管它其实并不是什么危言耸听。

灭亡，是每个文明的终极命运。因为那些曾经带来发展和生机的东西，也无不埋下了毁灭的种子。无论是人工智能还是转基因，无论是龟缩不前还是贪功冒进，不同的关卡有不同的挑战等着你，谁也没法保证百分百一条命通关。我们所能做的，并不是以有限的想象力预测未来，为子孙后代规划出一条风险最小、收益最高的康庄大道；而只能在不同的方向上平衡发展科技树，尽量别把所有的蛋蛋塞到同一个篮子里。

当然，在人类还蜷缩在地球的温暖摇篮里过家家的年代，就大谈什么文明毁灭的必然结局，未免太过沉重。就好比面对一个刚出生的孩子，亲朋好友们自然要畅想一番孩子长大成人后的锦绣前程，谁也不想说出"这孩子将来总有一天会仆街"这种情商为负的话。

然而不得不说的是，虽然仅仅是一个年幼无知的行星级文明，但我们人类在自我毁灭方面的天赋，可能已经达到了银河系领先水平。就目前五大国公开出来的那一万多颗核弹库存，就足以把可怜的地球娘亲炸得死去活来；更不用说几十年前我们在量子物理、人工智能、基因工程各领域搭好的理论框架，万一真的技术实现了，还不够我们自我毁灭几万次的……

宇宙很大，够我们折腾的空间更大。如果未来有一百万种活法，就有一百万种死法。没有人知道会是哪种，也没有人知道哪种死法更难看。

我只知道死法最难看的那一种：

坐以待毙。

7 不择手段地前进

非洲，人类的摇篮。

　　7 万年前的东非，在今天叫作埃塞俄比亚的地方，那是一个特别热的夏天。

　　持久的干旱把河流蒸发殆尽，连红海的海面都被晒得急剧下降。原本从西岸的埃塞俄比亚到东岸的阿拉伯半岛之间横跨 30 公里的水面，史无前例地缩小到了 12 公里。

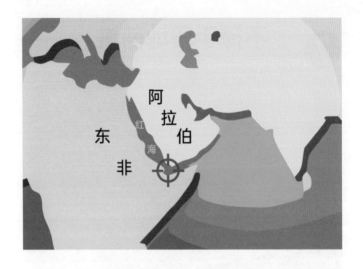

　　这一天，像往常一样来海边捕鱼的人们，突然不约而同地停下了手上的活，一张张黑色面孔惊讶地望向海平线。

　　他们第一次看到了未知的边界：原来海的彼岸，并不是无垠的海。

　　那是一个，人类从未涉足的新世界。

　　人群中开始弥漫着兴奋的骚动。

　　"我们去看看！也许，那边还有奔腾的溪流和嫩绿的青草，有灵巧的瞪羚和健壮的角马……"

　　"现实点吧！那里的土地和这里一样干裂荒芜，那里的水源一样枯竭，那里的猎物一样消失殆尽！"

　　"你怎么知道？说不定那边会遇到新的机会呢。"

　　"我不知道，你也不知道。但我知道那里一定有新的危险，而在这里——这片祖祖辈辈生活了千万年的土地上，我们永远是安全的。"

"……可我还是想去试试。"

"唉，这孩子真是，不听老人言……随便你吧，但我要留下来。"

在那个千载难逢的夏天，只有大约 200 人渡过了红海，踏上了新世界的彼岸。

我们不知道，在蛮荒的旧石器时代，那些穿着兽皮、扛着木棍的人，究竟是用什么方法渡过 12 公里宽的海面的；我们不知道，他们在对岸的生活遇到了怎样的艰难险阻；我们更不知道，那些历尽艰险活下来的幸存者，当他们发现新世界绝非梦想中遍地流淌着奶和蜜的天堂，有没有后悔过自己的选择。

但是我们知道后面的故事。

两万年后，他们北上征服欧洲，把体壮如牛的欧洲原住民——尼安德特人①逼到灭绝。

---

① 尼安德特人（Homo Neanderthalensis）：3 万年前曾与现代人的祖先"智人"共存于世的另一种史前人类，遗迹于 1856 年在德国尼安德河谷被发现并因此得名。与现代人相比，尼安德特人身材较矮但肌肉发达，脑容量甚至比现代人更大。他们适应寒冷气候，15 万年来主要活动在欧洲地区。奇怪的是，在智人走出非洲进入欧洲的短短几千年间，尼安德特人竟迅速灭绝了，许多学者认为与智人的竞争甚至冲突有关，但目前尚无定论。不过在另一种意义上，尼安德特人并未真正灭绝，因为他们与智人生下过混血儿：非洲以外的大部分现代人有 1%~4% 的基因源于尼安德特人。这些基因有助于当年的智人快速凝血、摄取维生素 B 等，却也给今天的我们埋下了抑郁症、糖尿病、血栓等"大坑"。

尼安德特美女

尼安德特帅哥

如果尼安德特人活到现在，今天的好莱坞可能是这样的

　　3万年后，他们沿海岸线一路向东，来到了印度和东南亚，转瞬间称霸整个亚洲[①]。

　　5万年后的冰河时代，趁着白令海峡的海水冻成冰棍的机会，一支小分队冒着零下45摄氏度的严寒和暴风雪，徒步穿越白令海峡，从西伯利亚孤身挺进北美大陆。

　　6万多年后，他们用石头堆起了一百多米高的金字塔，用青铜铸造刀剑，在龟背和泥板上刻着奇怪的符号。

　　7万年后，他们……不，应该说我们，看到了人工智能的崛起——那是另一个新世界的彼岸。

　　2009年，根据多年以来对不同地区人类基因组Y染色

---

① 　在他们称霸亚洲的3万年后，西伯利亚高原南部的一个黄皮肤部落南下进入中原，最终成为东亚大陆新的主人。

258　　　　　　　　　　　　　　　　　　　　　　　　机器新脑

体的测定，科学家最终得出结论：目前生活在非洲以外的所有 60 多亿人，都是 7 万年前东渡红海的这两百勇士的直系后裔。

正是 7 万年前那次勇敢的跨越，正是 7 万年来无数次不择手段的前进，才有了我们今天所有的现代文明。

而当年那些留在原地的大多数人，并没有像他们梦想的那样，过上永远安全无虞的小日子。

因为 7 万年后，那些出走半生的人类，终于回到了祖先的土地。

当他们归来时，已不再是单纯的少年。

300 多年来，1200 万黑人从非洲被卖到北美

机器新脑

1766 年，美国，弗吉尼亚某种植园

1916 年，美国得克萨斯州，万人围观的活烤黑人大会

以上最后一张图，是 1916 年 5 月 15 日发生在美国得克

萨斯州韦科市（Waco）的真实现场照片。17岁的美国黑人青年杰西·华盛顿，在上万名白人的欢呼声中，被用BBQ的方式私刑处死。

历史就是这样吊诡，而真相总是如此残酷。发展一定会带来许多未知的风险，但不发展，难道就没有坐以待毙的风险吗？

所有人都在问，如果继续发展人工智能，我们会不会被机器取代；可是很少有人问，如果停止发展，我们会不会被别人取代？

如果没有人工智能，我们的企业家将不得不用血汗工厂，和别人的全自动工厂竞争；

如果没有人工智能，我们的士兵将不得不用血肉之躯，与敌人绞肉机般的钢铁部队拼杀；

如果没有人工智能，我们的投资者将不得不拿自己的养老金，和装备了深度学习和大数据决策系统，每秒买进卖出几千次高频交易的AI交易员对赌……

假如一定要做个选择，我宁愿人类在审判日之战中被天网[①]全军覆没，也不愿意被那些来自新世界的人，那些用黑

[①] 天网（Skynet）：电影"终结者"系列中的虚构设定。片中，人类在20世纪后期研发的人工智能军事防御系统"天网"获得自我意识，并控制了美军所有的武器装备。科学家发现不妙欲切断其电源，反而导致天网将人类视作威胁。在剧情中的1997年8月29日，天网向俄罗斯发射一枚核弹，诱发核战争以灭绝人类。30亿人在当天丧生，幸存者称之为"审判日（Judgement Day）"。

科技武装到牙齿、基因和我们 99.99% 相似的"同胞"生吞活剥，当成家畜。

这又是一场黑暗森林式的囚徒博弈。为了在人工智能时代战略领先，为了争夺巨大的竞争优势和丰厚的利润，世界各地正在爆发军备竞赛般的技术热潮，把卡辛斯基们的警告彻底淹没。

卡辛斯基对于未来技术和社会发展的预言深刻而有远见，但他放弃发展、开历史倒车的解决方案将注定失败。因为，这位智商 170 的数学天才一辈子没看透的，恰恰是人。

没有人会抛弃我们赖以生存的工业技术，回到原始森林去返璞归真。不仅因为我们贪婪、自私、短视又耽于享乐，不仅因为我们拥有害死一切物种的好奇心加上好了伤疤忘了疼的记忆力，而最根本上，是因为我们体内流淌着那些先驱者的血液。

用过 XP 操作系统吗？还记得那张"蓝天白云青草地"的经典桌面壁纸吗？自从 2001 年 Windows XP 发布以来，已经有超过十亿人看过这张图片了。你有没有想过，为什么微软要在他们最受欢迎的产品里，让全世界数十亿用户，每天无数次盯着一张毫无科技感的风景照？

因为人类永远看不腻这样的风景：开阔的草原可以看到远处可供捕猎的动物，少量的树木可以爬上去躲避猛兽，明媚的阳光和茂盛的植物意味着充足的食物和水……这，就是刻在全世界 70 亿人 DNA 里的集体记忆。即使 7 万年后，钢筋混凝土丛林里的新猎人仍然无法将它彻底忘却。

蓝天白云下的青草地，是祖先们真实生活过的地方，也是现代人念念不忘的伊甸园。

只是，自从走出非洲的那一步起，我们就再也回不去了。

面对近在彼岸的未来，我们像 7 万年前的人们一样，一边盲目自信，一边心里没底。但这一次，迈出脚步的肯定远远不止两百人。无论前方是刀山还是火海，会有越来越多的人，前仆后继、死而后已地奔赴新世界。

这不是一次人人都能生还的征途。

但是对于我们，**落后无异于死亡**。

尾声

结束了吗？还没有。

在最后，我想和你分享一张图片：

这是 1974 年《地球概览》（*The Whole Earth Catalog*）杂志，停刊前最后一期的封底。

在最后一期杂志的最后一页，杂志创始人斯图尔特·布兰德（Stewart Brand），用了一张最平淡无奇的图片，和他的读者说再见。

一张美国乡村公路的照片。

就像一个少年骑上单车，一路向前漫无目的地探险；当他累了，便停在路边，迎着清晨第一缕阳光，随手拍下的一幅风景照。景色很平常，可在他看来很美。他的目光沿着道路，野心勃勃地望向远方的地平线；他对世界满怀憧憬，却一无所知。他不知道千里之外的"恶魔岛"监狱里，一个数学天才曾对未来做出的诅咒般的预言；他不知道在走过 500 万年的进化之路后，真正的挑战也许才刚刚开始。他从历史中学到的唯一教训，就是他从未学到任何教训。对他而言，这倒未必是什么坏事。因为，正如人们常说的那样：悲观者往往正确，但乐观者往往成功。

这个少年的名字，叫作**人类**。

感谢阅读《机器新脑：我是如何学会停止担忧并爱上 AI 的》。在读完本书所有内容之后，现在，请你帮我最后一个忙。

请你忘掉书中的每一个字。

没错。好比每一页都变成白纸，或者，就当你从未翻开过这本书。

然后，像那个少年一样，踏上单车，去远方，去探险，去发现，去周游世界，去遭遇无限的可能性，去创造未来，用你自己的方式。

在 14，000，605 个可能的未来中，那个唯一即将成为现实的版本，那个属于人类的真正命运，正是由我们自己亲手写就的。

它尚未注定。

图书在版编目（CIP）数据

　　机器新脑：我是如何学会停止担忧并爱上AI的 /
神们自己著.—北京：北京联合出版公司, 2021.1
　　ISBN 978-7-5596-4652-1

　　Ⅰ.①机… Ⅱ.①神… Ⅲ.①人工智能－普及读物
Ⅳ.①TP18-49

　　中国版本图书馆CIP数据核字（2020）第203552号

机器新脑：我是如何学会停止担忧并爱上AI的

著　　者：神们自己
出 品 人：赵红仕
责任编辑：牛炜征
特约监制：张　娴
策划编辑：魏　丹
责任校对：于立滨
插画设计：杨若冰
封面设计：王左左
内文排版：王左左

北京联合出版公司出版
（北京市西城区德外大街 83 号楼 9 层　100088）
北京联合天畅文化传播公司发行
北京利丰雅高长城印刷有限公司印刷　新华书店经销
字数 156 千字　880 毫米 ×1230 毫米　1/32　8.75 印张
2021 年 1 月第 1 版　2021 年 1 月第 1 次印刷
ISBN 978-7-5596-4652-1
定价：68.00 元